KB268683

과학 한잔 하실래요?

강석기의 과학카페

과학 한잔 하실래요?

강석기의 과학카페

초판 1쇄 발행   2012년 3월 22일
초판 11쇄 발행   2020년 7월 24일

지 은 이   강석기
펴 낸 이   최성훈
총   괄   박동준
기획편집   김자영
북디자인   김자영
책임교정   지태진
마 케 팅   김경문

펴 낸 곳   MID(엠아이디)
출판등록   2010년 11월 24일 제313-2011-250호(구 : 제2010-167호)
주   소   서울시 마포구 마포동 136-1 한신빌딩 703호
전   화   02) 704-3448
팩   스   02) 6351-3448
이 메 일   mid@bookmid.com
홈페이지   www.bookmid.com
블 로 그   http://midpage.tistory.com/, http://blog.naver.com/bookmid
I S B N   978-89-966122-2-3 03400

과학 한잔 하실래요?

강석기의
과학카페

| 강석기 지음 |

MiD

> 과학이란 우연과 필연의 열매, 커피 한잔에 깃든
> 명상과도 같은 것이다.

고대 그리스의 철학자 플라톤은 우연이란 "모든 법칙에서 일탈하는 현상을 특징짓는 것이며, 또 그 원인이 매우 복잡하기 때문에 우리들이 그것을 미리 알 수 없는 현상"이라 하였습니다. 아프리카에 살던 목동이 우연히 염소가 먹던 빨간 열매(커피)를 신기하게 여겨 먹어본 것이 계기가 되어 커피가 전 세계에 퍼졌지요. 신이 만든 빨간 열매를 유심히 관찰하던 목동의 마음이 아마도 오늘날 과학자의 마음일 것입니다. 이처럼 과학은 우연에서 필연을 찾으려는 노력의 산물입니다.

이제 과학은 그 옛날 신의 자리를 빼앗았다고 할 만큼 우리 생활의 중심이 되고 있지만, 아직도 풀지 못한 과학의 미스터리들이 2012년을 뜨겁게 달구고 있습니다. 이러한 과학의 수많은 난제들이 봇물을 터뜨려 올해는 과학의 성찬이 차려질 것이라 기대합니다. 커피가 수도하는 사람들을 명상의 길로 이끌었던 것처럼, 이 책은 여러분이 과학으로 가는 길을 쉽고 재미있게 안내해주는 길동무가 되어줄 것입니다.

2012년 3월

도서출판 MID 드림

우리는 흔히 자연을 아름답고 장엄한 것으로 여기면서도 그런 자연을 대상으로 하는 과학은 필연적으로 딱딱하고 어렵다고 느낀다. 과학은 인간이 아닌 물질을 대상으로 하기 때문에 인간의 따뜻한 체취가 느껴지지 않는다는 주장도 있다. 그러나 과학이 탐구의 대상으로 삼고 있는 것은 단순히 돌과 바위만이 아니다. 자연 속에서 살아 숨 쉬는 동물과 식물은 물론이고 우리 눈에는 보이지 않는 미생물까지도 과학의 탐구 대상이다. 사실 우리 '인간'도 엄연하게 현대 과학의 탐구 대상이다. 따라서 과학에서 인간의 따뜻한 체취가 느껴지지 않는다는 주장은 과학의 탐구 영역을 정확하게 파악하지 못한 것이라고 할 수밖에 없다.

다만 수학적 언어를 좋아하고, 논리성을 무엇보다 앞세우는 전문 과학자들의 이야기가 많은 사람들에게 딱딱하고 어렵게 느껴질 수는 있다. 자연에 숨은 신비로운 진리를 파헤치는 일만으로도 충분히 감동적이라고 굳게 믿는 전문 과학자들은 독자들의 관심을 끌기 위한 주변 이야기는 불필요한

커피 향기가 풍기는 과학 이야기

낭비고 공연한 허세라고 믿는다. 과학의 핵심을 벗어난 주변의 수식어들이 과학의 핵심을 이해하는 데에 걸림돌이 된다고 믿는 과학자도 적지 않다. 그러나 그런 특징은 과학자들에게서만 나타나는 것이 아니다. 철학자의 글도 읽기 어렵고, 문학가와 예술가의 비평도 난해하기는 마찬가지다.

그래서 필요한 것이 바로 강석기 기자와 같은 '과학 커뮤니케이터'다. 자신의 일에 푹 빠져 있는 전문 과학자에게서 많은 사람들이 기꺼이 읽고 싶어 하는 말랑말랑하면서도 유익한 이야기를 이끌어내는 것이 과학 커뮤니케이터의 역할이다. 우리 사회가 과학 커뮤니케이터를 필요로 하는 이유는 민주화된 사회에서 과학은 더 이상 과학자의 전유물일 수가 없기 때문이다. 오늘날 거의 모든 사회 문제가 과학과 직접 또는 간접으로 연결되어 있다. 과학을 모르면 사회 문제 해결에 필요한 사회적 합의 과정에서 제 역할을 할 수 없게 된다. 과학적 상식과 과학적 사고방식에 익숙하지 않은 구성원으로 이뤄진 사회에서는 현대적 의미의 민주주의는 그림의 떡일 뿐이다.

또 과학은 자신의 건강과 재산을 지키는 가장 확실한 수단이기도 하다. 오늘날 우리는 모든 것을 자급자족하던 과거와 전혀 다른 삶을 살고 있다. 누가 어떤 과정을 거쳐 생산한 것인지조차 알기 어려운 수많은 상품과 서비스의 홍수 속에 살 수밖에 없다. 물론 비윤리적이고 우리에게 해로운 상품과 서비스에 대한 사회적 규제가 있는 것은 사실이다. 그러나 세상에 완벽한 것은 아무것도 없다. 사회적 규제도 예외가 아니다. 규제의 느슨한 틈새를 뚫고 우리의 건강과 재산을 탐내는 엉터리 상품과 서비스가 판을 치고 있는 것이 우리의 안타까운 현실이다. 결국 믿을 것은 나 자신이다. 충분한 과학적 상식과 사고방식을 갖춰야만 한다는 뜻이다.

딱딱하고 어려운 과학자의 이야기만으로는 과학의 진정한 의미와 가치를 정확하게 이해하기 어려운 것이 사실이다. 강석기 기자의 커피 향과 사람 냄새가 물씬 풍기는 과학 이야기가 좋은 출발점이 될 것이다. 현대 과학의 가장 중요한 핵심이라고 할 수 있는 화학과 분자생물학을 전공하면서 온몸으로 배운 과학적 사고방식에 과학 전문기자의 글 솜씨가 더해진 이 책을 통해 누구에게나 '꼭 필요한 과학'에 대한 매력을 마음껏 느끼게 될 것이다.

2012년 3월 6일

이덕환(서강대학교 화학과 교수, 대한화학회 회장)

이번 에세이집에는 필자가 다니고 있는 회사 동아사이언스의 인터넷 과학신문 〈더사이언스〉에 2008년부터 2011년까지 연재한 에세이 100여 편 가운데 48편을 추려 보완해 실었다.

2008년 초 회사는 〈더사이언스〉를 창간하며 고참 기자들에게 격주로 쓰는 칼럼 코너를 하나씩 준비해보라고 제안했다. 당시 월간 〈과학동아〉 기자로 있던 나는 약간 고민하다가 '케미컬 에세이Chemical Essay'라는 아마도 콩글리시일 코너명으로 2월 12일부터 에세이를 싣기 시작했다.

여기서 케미컬, 즉 '화학적'이란 말은 화학에서 쓰는 의미라기보다는 비유적인 맥락에서 사용한 것이었다. 즉 과학뿐 아니라 문학, 예술 등 여러 분야를 아울러 '화학적으로' 결합한 에세이를 써보자는 시도였다. 일 년 넘게 연재를 하다가 늘 "잘하고 있다"고 격려해주던 팀장이 회사를 떠나면서 2009년 3월 25일자를 끝으로 흐지부지 연재가 중단됐다. 이 에세이집에는 총 29회 연재된 '케미컬 에세이' 가운데 8편이 실렸다.

결코 싫증을 느낄 수 없는……

2010년 초 필자는 특정 팀에 속하지 않는 '전문기자'가 됐다. 그러다 보니 〈더사이언스〉에 뭔가를 다시 연재해야 할 것 같아 시작한 코너가 '사진 한 장에 담긴 과학자의 삶'이다. 어떤 과학자의 인상적인 사진 한 장을 계기로 그 사람의 삶을 풀어가는 형식의 에세이로 2월 1일 시작했다.

이런 중에 2010년 중반 필자는 욕심을 부려 '케미컬 에세이'의 시즌 2라고 할 수 있는 '강석기의 과학카페'를 7월 13일부터 시작했다. 그렇게 한동안 두 코너를 교대로 매주 연재하다가 어느 순간 '사진 한 장에 담긴 과학자의 삶'이 '강석기의 과학카페'로 흡수돼 오늘에 이르렀다. 이 에세이집에는 총 21회 연재된 '사진 한 장에 담긴 과학자의 삶' 가운데 12편이 실렸다. 그리고 나머지 28편은 '강석기의 과학카페'에서 골랐다.

돌이켜보면 2008년 〈더사이언스〉 창간을 맡았던 김훈기 팀장(현 서울대 기초교육원 교수) 덕분에 연재를 시작하고 1년 이상 지속할 수 있었다. 그리고 2010년 여름부터 〈더사이언스〉를 맡은 김규태 팀장의 관심과 격려 속에서 '과학카페'를 거의 거르지 않고 매주 연재할 수 있었다. 두 분께 고마움을 전한다. 무엇보다도 2000년부터 필자가 기자로 일할 수 있게 마당을 마련해준 동아사이언스에 감사한다.

2011년 가을 MID의 최성훈 대표가 필자의 에세이를 보고 나서 책으로 만들어보자고 제안했다. 우여곡절 끝에 지난 늦가을부터 본격적으로 책을 만드는 작업에 들어갔다. 이 과정에서 편집자인 김자영 선생이 큰 몫을 했다. 김 선생은 진부한 코너명일 수 있는 '과학카페'를 오히려 살려 아예 커피 콘셉트로 책을 만들어보자는 아이디어를 냈고 그에 맞춰 이 책을 구성했다. 이 책의 산파인 두 분께 감사드린다.

매주 연재를 싣다 보니 주위에서 "이제 소재가 떨어질 때도 됐는데 용케도 끌고 나간다"고 말하기도 한다. 사실 나도 처음에는 그런 생각을 하기도 했지만 어느 순간 일주일에 한 번으로 소재가 고갈될 일은 없을 것임을 깨달았다. 과학의 영역은 너무나 넓고 새로운 사실들이 끊임없이 쏟아져 나오기 때문에 이런 빈도라면 건드릴 수 있는 게 빙산의 일각이기 때문이다.

30대 때만 해도 과학 전반을 섭렵하겠다고 과학 책과 과학 논문에 파묻혀 살았다. 사실 에세이 가운데 상당수는 그때 얻은 지식이 바탕이 됐다. 그러나 뱁새가 황새를 못 따라간다고, 아무리 노력해도 과학 전반에서 내가 이해할 수 있는 영역의 비율이 갈수록 줄어들고 있다는 걸 40대 중반에 들어선 지금 깨닫고 있다.

싫증이란 대상에 대해 더는 알고 싶은 게 없을 때 느끼는 감정이다. 따라서 과학은 구조적으로 결코 싫증을 느낄 수가 없는 대상이다. 내 능력과 노력 부족으로 포기할 수는 있어도. 이제는 예전처럼 모든 걸 이해하겠다고 덤벼들지는 않지만(열정이 사라졌다는 증거일까) 그래도 깊은 애정은 변함이 없다는 걸 과학 너는 알고 있겠지.

2012년 3월, 강석기 씀

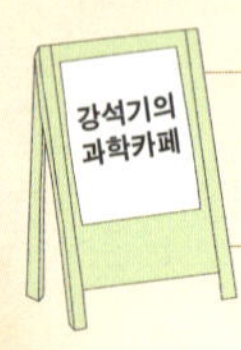

PART 1
에스프레소 – 과학 핫 이슈

PART 2
카페 콘파냐 – 유명한 과학자들의 알려지지 않은 이야기

MENU

MENU

PART I

에스프레소

과학 핫 이슈

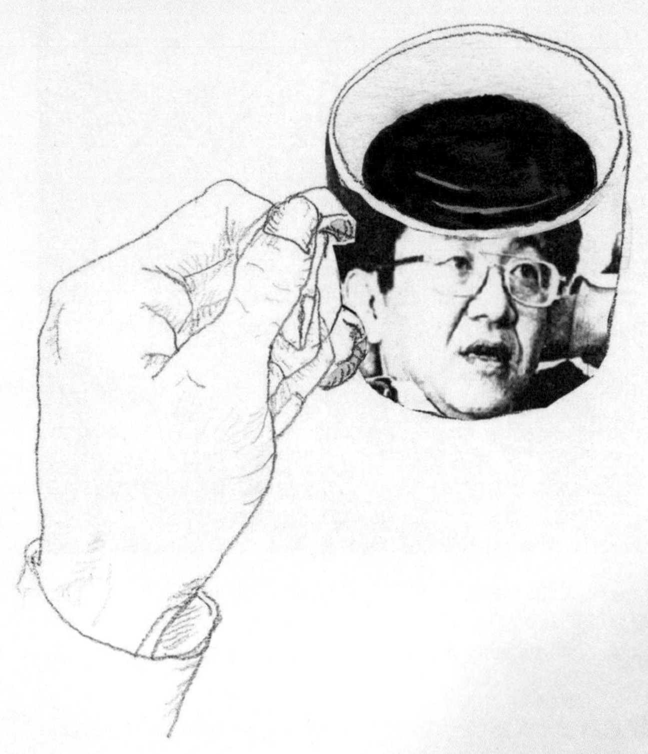

과학의 에스프레소

작지만 강렬하고 매우 진하다.

무엇보다도 순수하다.

때로 정통이라 불리기도 하며,

역사적으로는 가장 기본이 되는

본질적essence인 것이라 불리기도 한다.

I

힉스 입자, 명명자는 이휘소 박사!

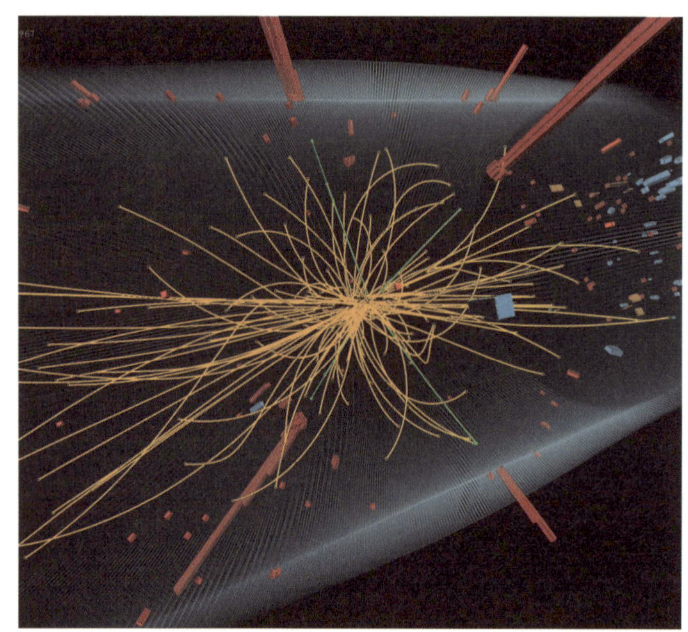

2012년 7월 4일 유럽입자물리연구소는 힉스 입자 검출에 대한 연구 결과 힉스 입자가 존재할 확률이 99.99994퍼센트라고 발표했다. 사진은 검출기에서 얻은, 양성자 충돌 실험으로 생성된 힉스 입자가 붕괴하는 과정으로 추정되는 데이터다. 유럽입자물리연구소 제공

〈네이처〉나 〈사이언스〉 같은 과학저널을 보면 서신란(〈네이처〉는 correspondence, 〈사이언스〉는 letters)이 있다. 주로 해당 저널에 실린 논문에 대한 독자의 의견을 싣는데, 틀린 곳을 지적하거나 다른 의견을 제시하는 경우가 많다. 필자는 서신란을 즐겨 읽는데 가끔 흥미로운 뒷얘기를 건질 수 있기 때문이다.

예를 들어 이스라엘의 한 연구진이 고고학 발굴 현장에서 찾아낸 2000년 전 대추야자 씨앗을 발아시키는 데 성공해 세계 최고最古 기록을 세웠다는 논문이 2008년 〈사이언스〉에 실렸다. 그런데 몇 달 뒤 서신란에 한 과학자가 그건 틀린 주장으로 1967년에 1만 년 된 씨앗을 발아시킨 적이 있다고, 그것도 〈사

이언스〉에 발표했다고 언급했다.

바로 이어서 저자는 그 답신으로 1967년 논문은 방사성동위원소분석법 같은 연대 측정 없이 함께 발견된 유물을 토대로 추정한 것에 불과하기 때문에 인정할 수 없다고 설명했다. 이런 논쟁 덕분에 필자는 1만 년 전 씨앗 발아에 대해 알게 됐다.

〈네이처〉 2010년 8월 5일자에도 흥미로운 서신이 하나 실렸다. 최근 전 세계 입자물리학자들의 관심을 받고 있는 힉스 보손higgs boson의 명명에 대한 이야기다. 힉스 보손(우리나라에서는 '힉스 입자'라고 부르는 경우가 많다)은 다른 입자가 질량을 갖도록 해주는 가상의 입자다.

이론에 따르면 힉스 입자 자체는 질량이 매우 크기 때문에 많은 에너지를 집중시킬 수 있는 거대강입자가속기LHC● 같은 장비가 있어야 만들 수 있다(질량-에너지 등가원리에 따라). 참고로 보손은 입자의 한 형태다. 스핀(양자이론에서 나오는 입자의 고유한 성질의 하나) 값에 따라 입자는 보손과 페르미온으로 나뉘는데, 보손은 스핀이 정수인 입자이고 페르미온은 반半정수인 입자다.

유럽입자물리연구소CERN에 설치된 LHC가 가동되면서 '신의 입자'로 불리는 힉스 보손을 발견할 가능성이 높아지자 이에 대한 책도 나오고 있다. 2010년 초 영국의 과학저널리스트 이언 샘플이 펴낸 『신의 입자 사냥Massive: the hunt for the god particle』이라는 책도 그 가운데 하나다.

2010년 8월 5일자 서신에는 한 물리학자의 서평에 대한 저자의 반응이 실려 있는데, 한 가지 흥미로운 내용이 담겨 있다. 힉

과학저널 〈네이처〉 2010년 8월 5일자에 힉스 입자라는 이름을 고(故) 이휘소 박사가 처음 사용하게 된 배경을 알려주는 서신이 실렸다.

거대강입자가속기 둘레가 26킬로미터에 달하는 거대한 원형 장치로 이 안에서 전자나 양성자를 빛에 가까운 속도로 가속시켜 서로 충돌시킨다. 이때의 엄청난 충격 에너지가 우주 초기의 상태를 재현하는 셈이다. 충돌 결과 다양한 입자가 생기는데 이들을 검출해 우주 초기의 비밀을 밝히는 연구를 하고 있다.

스 보손이란 말을 한국의 천재 이론물리학자 이휘소^{李輝昭}(1935~ 1977)* 박사가 처음 썼다는 것이다.

1967년 피터 힉스와 이휘소의 만남

이론물리학자인 영국 옥스퍼드대학의 프랭크 클로우스 교수는 〈네이처〉 2010년 6월 17일자 서평란에 이언 샘플의 책에 대한 서평을 썼는데, 전반적으로 비전문가인 과학저널리스트가 쓴 책을 폄하하는 느낌이 강하게 들었다. 그는 저자가 책 주제에 대한 깊이 있는 이해가 부족함을 보여주는 예를 곳곳에서 언급했는데, 특히 '힉스 보손'은 잘못된 이름이며 '골드스톤의 무거운 보손$_{Goldstone's\ massive\ boson}$'이라고 불렸어야 했다고 주장했다.

즉 영국의 물리학자인 제프리 골드스톤이 1961년 자발적 대칭성 깨짐$_{spontaneous\ symmetry\ breaking,\ SSB}$*에 대한 연구 결과를 발표하면서 힉스 보손에 해당하는 입자를 처음으로 언급했다는 것이다. 이는 피터 힉스$_{Peter\ Higgs}$(1929~)*보다 3년이 빠르다. 클로우스 교수는 적어도 여섯 명의 물리학자가 질량의 생성에 관한 이론을 생각해냈다고 말했다. 다만 힉스만이 이 이론을 시험하는 데 무거운 보손의 존재를 입증하는 게 중요하다는 인식을 했다고 덧붙였다.

클로우스 교수는 서평 말미에 "힉스 보손은 이 입자에 대한 힉스의 연구를 인정한 물리학자들이 붙여줬다"며 "하지만 그 기원은 골스트톤의 이론이었다"고 썼다. 참고로 클로우스 교수는 2011년 힉스 보손에 대한 책 『무한 퍼즐$_{The\ Infinity\ Puzzle}$』을 출간했다.

<네이처> 2010년 8월 5일자 서신란에서 저자 이언 샘플은 「이 보손에 힉스의 이름만이 붙게 된 긴 사연」이라는 제목의 글로 힉스 보손의 명명 과정을 설명함으로써 우회적으로 자신의 책에 대해 냉담한 서평을 쓴 클로우스 교수에게 '당신은 이론물리학자인데 이런 것도 몰랐느냐?'는 뉘앙스를 풍겼다.

그런데 그의 설명에 따르면 힉스 보손이란 말을 처음 쓴 사람이 바로 이휘소 박사라고 한다. 이 과정을 언급한 부분을 아래에 번역했다. 두 사람의 옥신각신 덕분에 위대한 한국 과학자의 이름이 모처럼 지면에 등장했다.

"힉스와 고故 이휘소 박사의 동료들의 회고를 토대로 한 이야기는 다음과 같다. 1967년 힉스는 한 컨퍼런스 리셉션에서 이 박사와 와인 잔을 기울이며 후에 힉스 메커니즘이라고 불릴 그의 연구에 대해 이야기했다.

힉스의 유명한 1964년 논문은 질량을 부여하는 메커니즘의 결정적 입자가 될 무거운 보손의 존재에 사람들이 주목하게 만들었다. 이 박사와의 대화에서 힉스는 그가 구성한 이론 전부를 말하진 않았지만 격의 없이 말을 주고받았다.

1972년 이 박사는 미국 일리노이 주 바타비아의 미국 국립가속기연구소(현 페르미연구소)에서 열린 고에너지물리학 국제 컨퍼런스를 주관했다. 이때 5년 전 대화를 떠올린 이 박사는 힉스의 이론에 기초한 연구를 언급할 때 힉스 보손이라는 용어를 사용했다. 그곳에서 이 이름이 굳어졌고 이렇게 힉스 보손이 탄생했다."

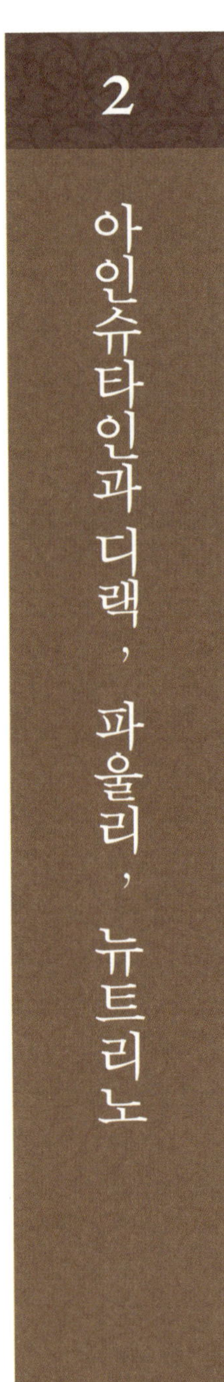

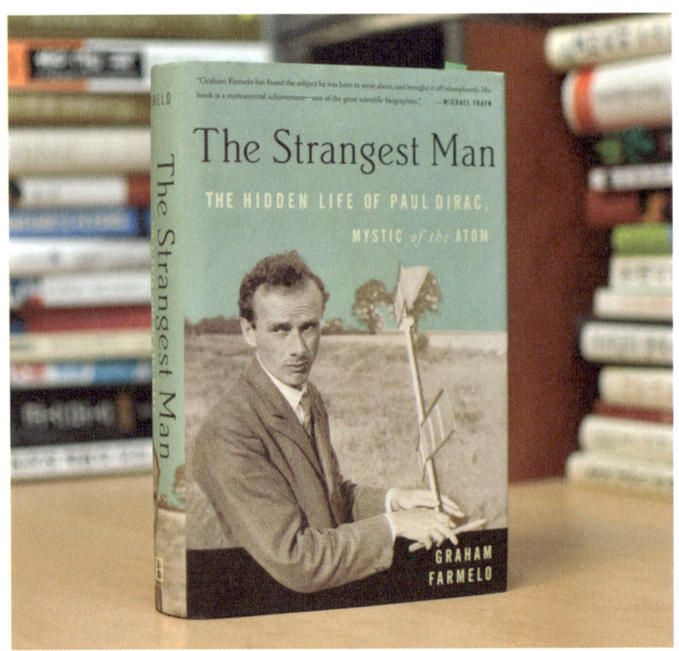

과학사가 그라함 파멜로가 2009년 펴낸 디랙의 전기 『가장 이상한 사람』

예전 한 대학입시에서 학생 다수가 물리 주관식 문제('한 원자 속에 네 가지 양자수가 모두 똑같은 두 전자가 있을 수 없다'는 원리는 무엇인가?)의 답을 '파울리의 베타원리'라고 써서 화제가 된 적이 있다(정답은 '파울리의 배타원리'[*]). 배타排他, exclusion를 베타beta, 즉 그리스어 알파벳(β)으로 착각한 결과다. 내용을 제대로 파악하지 못한 채 건성으로 용어만 외운 교육의 일면으로 한자를 제대로 배우지 않는 것도 한 이유일 것이다.

그런데 배타원리를 제안한 오스트리아의 이론물리학자 볼프강 파울리Wolfgang Pauli(1900~1958)는 사실 베타와도 밀접한 관계가 있다. 바로 그가 1930년 원자핵의 베타붕괴βdecay[*]에서 전자뿐 아니라 중성인 미지의 입자도 함께 나온다고 주장하며 이 입자를 뉴트론^{neutron}(중성자)이라고 부른 장본인이기 때문이다. 이 이름은 2년 뒤 우리가 지금 중성자라고 알고 있는 또 다른 중성입자를 발견한 채드윅^{James Chadwick}(1891~1974)이 이를 뉴트론이라고 명명하면서 혼동이 생겼다. 결국 1934년 이탈리아의 저명한 물리학자 엔리코 페르미가 파울리의 입자를 뉴트리노^{neutrino}(중성미자), 즉 작은 중성자라는 뜻의 이름으로 바꿔 부르기로 하면서 정착됐다. 중성미자는 질량이 없거나 중성자에 비해 미미할 것으로 추정했기 때문이다. 아무튼 파울리는 뉴트리노의 아버지인 셈이다.

1900년 오스트리아에서 태어난 파울리는 어릴 때부터 천재 소리를 들었고 불과 스물한 살 때 독일 뮌헨대학에서 최우등으로 박사학위를 받았다. 그는 이곳에서 '불확정성의 원리'*로 유명한 베르너 하이젠베르크^{Werner Karl Heisenberg}(1901~1976)*를 만났고 (1년 연하) 그 뒤 둘은 평생 우정을 나눴다. 파울리는 그 유명한 배타원리와 중성미자 예측 등 양자역학의 성립에 큰 기여를 했다.

숙명의 라이벌 디랙

파울리가 태어나고 2년 뒤인 1902년 영국에서 태어난 폴 디랙^{Paul Dirac}은 말이 없는 소년이었다. 그는 아버지의 희망에 따라 브리스톨대학에서 전기공학을 전공했지만 별 흥미는 없었다. 결국 졸업 뒤에도 취직을 하지 못해 한 교수 밑에서 좋아하는 수학을 공부하며 지냈다. 디랙의 수학 재능을 아까워한 이 교수는 팔방으로 힘을 써 그를 케임브리지대학에 장학생으로 보낸다. 사실

뉴트리노의 아버지, 파울리

파울리의 배타원리 1924년 볼프강 파울리가 제안한 이론으로 하나의 양자 상태에 두 개의 동일한 페르미온(스핀이 반半정수인 입자)이 있을 수 없다는 내용이다. 예를 들어 전자의 경우 한 원자에서 주양자수(n), 부양자수(l), 자기양자수(m_l), 스핀양자수(m_s)가 모두 같을 수는 없다.

베타붕괴 불안정한 원자핵에서 중성자가 양성자로 바뀌면서 전자와 반중성미자가 나오거나 양성자가 중성자로 바뀌면서 양전자와 중성미자가 나오는 과정이다. 일본 후쿠시마 원전 사고로 유출된 세슘도 베타붕괴를 통해 바륨으로 바뀌는 과정에서 유해한 방사선을 낸다.

불확정성의 원리 입자의 위치와 운동량에 대한 정보를 동시에 정확히 얻을 수는 없다는 양자역학의 원리로 하이젠베르크가 1927년 제안했다.

하이젠베르크 독일의 이론물리학자로 1926년 행렬역학을 고안해 양자역학의 확립에 결정적인 기여를 했고 이 업적으로 1932년 노벨물리학상을 받았다. 제2차 세계대전 때는 독일의 원자폭탄 계획에 관여했다. 일반인을 대상으로 한 과학 서적 『부분과 전체』를 집필했다.

디랙은 독학으로 아인슈타인의 상대성이론을 공부하고 있었는데 이곳에서 양자역학을 접하며 지적으로 급성장한다.

디랙은 1926년 하이젠베르크의 행렬역학[•]과 에르빈 슈뢰딩거Erwin Schroedinger(1887~1961)[•]의 파동역학[•]이 같은 내용이라는 걸 증명해 일약 주목을 받았고 1928년 특수상대성이론과 양자역학을 접목해 상대론적 양자역학, 즉 디랙방정식[•]을 만들어 사람들의 찬탄을 불러일으켰다. 어떤 사람들은 뉴턴이 환생했다고 평가했다. 이 식을 풀 때 나온 딜레마를 해결하는 과정에서 1931년 '반물질'[•]의 개념을 생각했고 이듬해 미국의 실험물리학자 칼 앤더슨이 우주선에서 반전자(양전자)를 발견함으로써 물리학계를 경악시켰다.

한편 디랙은 주위의 권유로 1930년 『양자역학의 원리The Principles of Quantum Mechanics』라는 책을 펴냈는데, 훗날 '현대물리학의 성서'라고까지 불리게 되는 명저다. 그 역시도 이 책에 애착을 보여 1958년 4판을 펴낼 정도였다.

디랙은 워낙 말이 없고 비사교적이어서 기이한 천재들의 집단인 이론물리학자 사이에서도 '기인'으로 통했다. 과학사가 그라함 파멜로가 2009년 펴낸 디랙의 전기 『가장 이상한 사람The Strangest Man』(아쉽게도 한글판은 아직 안 나왔다)을 보면 이런 에피소드가 여럿 등장한다. 책 제목은 닐스 보어Niels Bohr(1885~1962)[•]가 말년에 자신의 코펜하겐연구소를 방문했던 수많은 과학자들을 회상하면서 디랙에 대해 한 말이다. 보어에게 디랙은 '완벽한 논리적 천재'였으면서도 독특한 개성의 소유자였다. 그는 '디랙

어록'까지 만들어 사람들에게 들려주며 좋아했다고 한다.

한 예로 어느 주말 보어는 디랙을 데리고 프랑스 인상파 화가 작품 전시장을 찾았다. 어떤 그림을 보고 디랙은 "이 그림이 마음에 듭니다. 묘사의 부정확한 정도가 전반적으로 균일하기 때문이죠"라고 평가했다고 한다.

뉴트리노 가설이 틀렸다고 생각

소수의 친구를 빼면 대인관계가 없다시피 한, 따라서 적도 없는 디랙이었지만 유일하게 파울리와는 껄그러운 관계였다. 둘은 서로를 인정하지 않았는데 특히 상대방이 뭔가 새로운 이론을 내세울 때마다 냉소적으로 대응했다.

1930년 파울리는 방사성 원자핵에서 전자(베타입자)가 방출되는 과정에서 전자의 에너지가 일정하지 않다는 문제점을 발견했다. 이를 해결하기 위해 제안한 가상의 입자가 바로 뉴트리노. 즉 방출된 전자와 뉴트리노의 에너지를 합치면 예측되는 붕괴 에너지에 해당한다는 것이다. 그러나 뉴트리노 가설에 대한 반응은 냉담했다. 원자 모형의 원조인 보어는 설득력이 없다고 평가했고 디랙은 '그냥 틀린 얘기'라며 무시했다. 뉴트리노의 실체는 1956년에야 미국 연구진에 의해 모습을 드러냈다.

반면 1931년 디랙이 내놓은 반물질 이론을 파울리는 말도 안되는 얘기라고 무시했고(물론 다른 물리학자 대다수도 같은 반응을 보였다) 1933년 반물질이 검출된 뒤에도 태도를 바꾸지 않았다. 이해 보어의 코펜하겐연구소 모임은 양전자의 발견에 초점이 맞춰

졌는데 파울리는 디랙이 의기양양해 하는 모습을 보기 싫어 모임에도 참석하지 않고 남프랑스로 휴가를 떠나버렸다.

게다가 이해 디랙은 슈뢰딩거와 함께 노벨물리학상을 받았다. 남 앞에 나서기를 극도로 꺼렸던 디랙은 상을 거부하려고 했으나 그러면 더 주목을 끈다는 주위의 설득에 스웨덴으로 향했다. 반면 파울리는 1945년에야 배타원리를 발견한 공로로 노벨물리학상을 받았다.

아이러니하게도 중성자의 베타붕괴에서 전자와 함께 나오는 뉴트리노는 사실 뉴트리노의 반입자, 즉 반뉴트리노다. 1934년 엔리코 페르미가 베타붕괴에 대한 이론연구를 통해 제안했다. 파울리로서는 얼굴이 화끈거릴 일이다.

디랙과 파울리의 이런 불편한 관계는 1958년 파울리의 갑작스런 죽음으로 끝이 났다. 이해 12월 5일 대학에서 강의를 마친 파

울리는 갑작스런 복통에 다음 날 병원을 찾았는데 검사 결과가 불확실한 상태에서 수술에 들어갔다. 개복해 보니 이미 췌장암이 걷잡을 수 없을 정도로 퍼져 있었고 결국 그는 수술 뒤 이틀 만에 사망했다. 그나마 뉴트리노를 발견(1956년)한 걸 보고 죽은 게 위안이다. 디랙은 1984년 82세로 사망했다.

아인슈타인은 디랙의 책이 안 보이면 "우리 디랙이 어디 있더라……"라고 중얼거렸다고 한다.

상대성이론 무너지나

디랙에게 아인슈타인은 신과 같은 존재였는데 1955년 아인슈타인이 사망했을 때 평생 단 한 번 눈물을 흘렸다고 한다. 실제로 아인슈타인과 디랙의 삶은 비슷한 점이 많다. 둘 다 주로 혼자 연구하는 스타일이었고 특히 만년으로 갈수록 주류 과학자들과 떨어져 자신만의 길을 걸었다. 그렇다면 아인슈타인은 디랙을 어떻게 생각했을까.

아인슈타인은 디랙의 책 『양자역학의 원리』에 대해서 "양자이론을 가장 논리적으로 완벽하게 표현했다"며 극찬했다. 그는 늘 이 책을 끼고 다니며 틈틈이 읽곤 했는데 책이 안 보이면 "우리 디랙이 어디 있더라……"라고 중얼거렸다고 한다. 아인슈타인은 디랙을 대단히 높게 평가했는데 한 친구에게 "디랙을 이해하는 데 어려움이 있네. 천재성과 광기 사이를 오가는 현기증 나는 길 사이에서 균형을 잡을 수가 없어"라고 한탄하기도 했다. 또 디랙과 파울리를 비교해 평가하기를 "이 분야에서 디랙은 누구보다도 앞서 있다. 그 다음이 파울리"라고 말하기도 했다.

사실 천재성으로 보면 파울리가 디랙을 능가할지도 모른다. 그를 조수로 데리고 일한 적이 있는 독일 괴팅겐대학의 막스 보른Max Born(1882~1970)*은 "그는 아인슈타인과 견줄 만하다고 생각한다. 사실 순수 과학의 측면에서 보면 그는 아인슈타인보다 더 위대했다"고 평가한 바 있다. 그런데도 그는 너무나 영특한 탓에 상상력과 직관을 펼칠 수가 없어 동시대의 하이젠베르크나 디랙에는 미치지 못했다.

한편 파울리는 누구에게나 막말을 하는 걸로 유명했는데 심지어 한 학회에서 아인슈타인이 강연한 뒤 주위 사람들에게 "여러분도 알다시피, 아인슈타인 선생이 말한 것은 그리 어리석은 것이 아닙니다"라고 말하기도 했다. 디랙이 파울리를 싫어한 것도 그의 이런 안하무인적인 태도 때문이다. 물론 대다수 물리학자들은 이 천재의 미성숙함을 꾹 참고 넘어갔지만.

2011년 9월 유럽입자물리연구소CERN 연구자들이 발표한 논문(정확히는 초고)이 화제다. 뉴트리노의 속도를 정확히 측정해봤더니 스위스 제네바에서 이탈리아 라퀼라까지 732킬로미터의 거리를 빛보다 0.00000006초 먼저 도달했다는 것이다. 이 관찰이 사실이라면 빛보다 빨리 움직이는 물체는 없다는 특수상대성이론의 전제가 무너지는 셈이다. 이를 두고 지동설의 충격과 맞

보른 독일의 이론물리학자로 슈뢰딩거방정식의 물리적 의미(진폭의 제곱이 주어진 장소에서 입자가 존재할 확률이라는)를 해석해 양자역학에 중요한 기여를 했다. 1954년 노벨물리학상을 받았다.

먹는다고 말하는 과학자들도 있다. 물론 물리학자 다수는 측정오
차 쪽에 무게를 두고 있지만 지켜볼 일이다.[*] 만일 아인슈타인,
디랙, 파울리가 이 사실을 알았다면 어떤 반응을 보였을까.

디랙 : 말도 안 되는 이야기입니다. 논문을 읽어볼 가치도 없어요.

아인슈타인 : 음…….

파울리 : 아인슈타인 선생님, 이래도 제가 디랙 다음입니까?

2012년 2월 연구팀은 실험 과
정을 전면 재검토한 결과 그동
안 간과해온 오류 가능성을 두
가지 발견했다고 발표해 큰 파
문이 일었고 그 여파로 대변인
인 스위스 베른대학교 안토니
오 에레디타토 교수가 자리에
서 물러났다.

3

2010년 노벨물리학상 논란

2010년 노벨물리학상 수상자 선정에 문제가 있다고 주장하는 월터 드 히어 교수(제공 조지아공대).

2010.11.17.

수신 : 노벨위원회, 스웨덴왕립과학아카데미 물리학 분과

노벨물리학상은 가장 뛰어난 과학 성취에 주어지는 상으로 성실하고 독립적인 연구에 주어야 한다고 생각합니다. 2010년 노벨물리학상과 관련해 스웨덴왕립과학아카데미 물리학 분과가 펴낸 「과학적 배경 Scientific Background」 문서는 이런 관점에서 바로잡아야 한다고 생각합니다. (하략)

미국 조지아공대 물리학과 월터 드 히어 Walter de Heer 교수가 노벨위원회에 보낸 위의 편지가 알려지면서 과학저널 〈네이처〉 2010년 11월 25일자는 '노벨 문서가 논쟁을 촉발시켰다 Nobel document triggers debate'는 제목의 기사를 실었다. 여기서 드 히어 교수는 "노벨상위원회가 숙제를 제대로 안 했다"며 노벨물리학

상을 해설하는 문서에 오류가 많다고 강한 불만을 표시했다.

2010년 노벨물리학상은 '이차원물질 그래핀에 대한 획기적인 실험'에 주어졌다. 흑연(물론 연필심보다 훨씬 순도가 높다!)에 스카치테이프를 붙였다 떼어내 탄소 한 층으로 된 그래핀을 분리해 내는 데 성공한 영국 맨체스터대학의 안드레 가임 교수와 콘스탄틴 노보셀로프 박사가 그 주인공이다. 우리나라 사람들은 그래핀의 성질을 이론적으로 해석한 미국 컬럼비아대학의 김필립 교수가 수상자에 포함되지 않은 점을 무척 아쉬워했다.

노벨위원회도 문서 오류 인정

2010년 노벨상을 안겨준 가임 교수팀의 연구 결과는 과학저널 〈사이언스〉 2004년 10월 22일자에 실렸다. 논문이 실린 지 불과 6년 만의 수상이라 물리학계에서도 뜻밖이라는 반응이 많았다. 드 히어 교수의 불만은 노벨위원회가 이 논문을 너무 과대평가한 동시에 그 전후에 있었던 다른 연구자들의 결과를 축소하거나 외면했다는 것이다.

그는 편지에서 노벨위원회가 만든 문서 「과학적 배경」에서 다섯 군데의 오류를 지적한 뒤 바로잡고 있다. 주로 2004년 논문에 대한 내용으로 그림 설명이 잘못됐다거나 당시 논문이 물리학계에 '경이$^{a\ surprise}$'로 받아들여졌다는 설명은 사실이 아니라고 주장한다. 또 이 논문에 나오는 데이터는 진정한 그래핀, 즉 단원자층이 아니라 저자들이 FLG$^{few\text{-}layer\ graphene}$(여러 층 그래핀)이라고 명명한 무척 얇은 흑연의 데이터일 뿐이라는 것이다.

그러면서 진정 획기적인 그래핀 논문은 이듬해 〈네이처〉 11월 10일자에 나란히 실린 두 편이라고 주장한다. 바로 그래핀의 전자가 '상대론적 양자역학'의 2차원 버전에 따라 행동함을 보여줌으로써 그래핀이 전자소자電子素子로 쓰일 수 있음을 명확히 보여준 가임 교수팀과 김필립 교수팀의 논문이다.

이처럼 비슷한 내용의 논문이 같은 저널에 연속해 나란히 실리는 걸 영어로 'back-to-back(등을 맞댄다)'이라 표현한다. 뜨는 분야일수록 워낙 경쟁이 치열하다 보니 유명 저널에서 백투백 논문을 종종 볼 수 있다.

드 히어 교수는 기본적으로 아직 규명해야 할 게 많은 그래핀으로 노벨상을 받는 건 시기상조라고 생각하지만 굳이 수상을 한다면 2005년 논문들에 무게를 둬야 하고 따라서 김필립 교수도 포함돼야 한다고 생각한다.

〈네이처〉에 실린 기사를 보면 가임 교수도 "그(김필립)는 중요한 공헌을 했기에 그와 상을 공유했다면 기뻤을 것(He made an important contribution and I would gladly have shared the prize with him)"이라고 말하고 있다.

2004년 논문이 가장 결정적으로 보여

그런데 2010년 11월 29일 국내 언론에는 〈네이처〉의 기사가 좀 이상하게 바뀌어 소개됐다. 드 히어 교수가 노벨물리학상 수상자 선정이 잘못됐음을 지적했고 노벨위원회도 그걸 인정했지만 수상자를 '재선정'할 의사는 없다는 내용이다. 즉 노벨위원회의 '실수'로 김필립 교수가 수상하지 못했다는 것이다. 앞의 가임 교수의 멘트도 "기꺼이 공동 수상할 수 있다"라고 소개돼 오해의 소지가 있다.

〈네이처〉 기사를 보면 노벨위원회 인게마 룬트스트룀 위원장이 "(문서의) 웹 버전을 수정하겠다. 우리 역시 문서의 일부가 오류라고 생각한다(We will make a correction to the web version. Some of the things we also think are mistake)"고 말하고 있듯이 이는 어디까지나 「과학적 배경」 문서에 오류가 있다는 것이지 물리학상 수상자 선정 자체가 잘못됐다는 말이 아니다.

기사 말미에서 노벨위원회의 회원인 스웨덴 챌머대학의 퍼 델싱 교수는 2004년 논문이 학계 사람들에게 '경이'였는지는 논쟁이 있을 수 있다고 하면서도 "물론 다른 사람은 다른 의견을 낼 수 있다. 노벨위원회는 이 문제를 충분히 검토했다고 확실히 말할 수 있다"고 덧붙였다.

'도대체 2004년 논문이 어떻기에…….'

〈사이언스〉 홈페이지에 들어가 논문을 다운로드한 필자는 먼저 '2529'라는 인용 횟수에 놀랐다. 2010년까지 불과 6년 사이에 2500편이 넘는 논문이 이 논문을 인용한 것이다. 물론 논문이 발표된 당시는 저널 속 수십 편 가운데 하나였고 그해 연말 〈사이언스〉가 선정하는 10대 연구 성과에도 포함되지 않았지만, 이는 당시만 해도 그래핀의 잠재력을 소수 연구자를 뺀 대부분 과학자들은 인식하지 못했기 때문으로 보인다.

드디어 교수는 이때 논문에 나온 건 진정한 그래핀이 아니라고

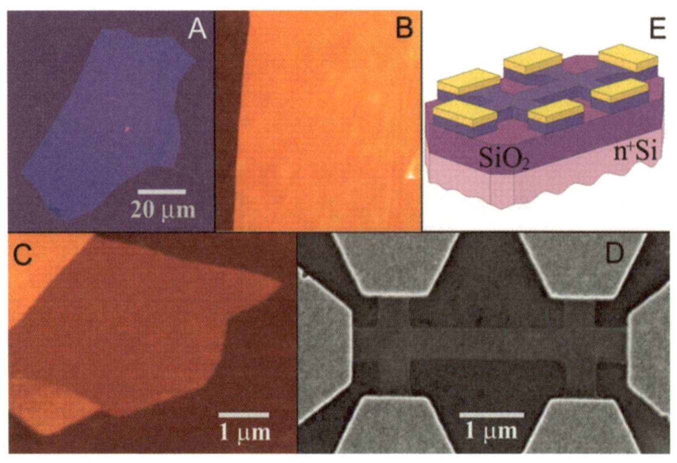

가임 교수팀의 2004년 〈사이언스〉 논문의 데이터. C의 현미경 사진이 단층 그래핀이다(사진 〈사이언스〉).

말하지만 논문에는 한 층으로 된 진짜 그래핀의 현미경 사진도 나온다. 물론 전자회로로서의 가능성을 테스트하는 실험은 몇 개의 층으로 된 그래핀(드 히어 교수에게는 흑연)으로 한 것이지만.

정작 김필립 교수는 2010년 11월 11일 〈동아일보〉와 인터뷰에서 이 논문을 보고 "처음에는 충격을 받았지만 가임 교수 등이 1등을 차지한 것은 사실이며, 이들이 수상한 것은 당연하다"고 말했다. 그 역시 그래핀을 얻기 위해 다양한 시도를 해왔지만 결국 선수를 빼앗겼기 때문이다.

김 교수는 "(2004년) 당시에 가임 교수 등의 논문을 보았을 때, 그래핀이 언젠가는 노벨상을 받을 것이라고 생각했고 언젠가는 (노벨상과 관련한) 이러한 인터뷰가 있을 것이라고 예상했다"고 말하기도 했다.

그 뒤 김 교수팀은 가임 교수팀의 방법으로 그래핀을 얻어 전자의 특성을 '상대론적 양자역학'이라는 고급물리이론으로 설명하는 데 성공했지만 불행히도 이마저 가임 교수팀을 앞서지는 못했다.

노벨위원회가 수상자로 선정한 가임 교수와 노보셀로프 박사가 1순위, 2순위임은 드 히어 교수도 부인하지 않는다. 아무튼 한 자리 더 여유가 있는데도 '이차원물질 그래핀에 대한 획기적인 실험에 대해(for groundbreaking experiments regarding the two-dimensional material graphene)' 수여한다며 수상자 폭을 제한한 위원회의 '관점'이 아쉬울 따름이다.

덧붙이는 글 : 김필립 교수 대중 강연 스케치

필자는 2011년 5월 23일 한림석학강연차 방한한 김필립 교수를 만났다. 당시 필자가 김 교수의 방한 소식을 너무 늦게 알아 인터뷰 시간이 짧았다. 결국 필자는 그의 강연 장면을 스케치하는 기사를 썼다(〈더사이언스〉 2011년 5월 24일자). 김필립 교수가 어떤 사람인지, 그래핀 연구의 역사와 의미가 무엇인지를 이해하는 데 도움이 될 것 같아 아래 덧붙인다.

"물리학은 천재만 하는 학문이 아닙니다!"

김필립 교수, 23일 한림석학강연 열강

2011년 5월 23일 오후 4시 성균관대 삼성학술정보관 대형강의실의 뒤편에는 50여 명의 학생들이 서성이고 있었다. 300여 좌석은 이미 빈자리가 없다. 잠시 뒤 사회를 맡은 고등과학원 김두철 원장이 미국 콜롬비아대학 물리학과 김필립 교수를 소개했다. 자리에서 일어난 김 교수는 계단을 두고 펄쩍 뛰어 연단에 올라 인사를 한다. 순간 박수가 쏟아진다.

2010년 10월 한 달 동안 웬만한 연예인만큼이나 대중매체에 이름이 오르내렸던 김필립 교수. 그래핀 연구의 개척자로 노벨상에 가장 근접한 한국인 과학자였지만 2010년 노벨물리학상 수상자에 포함되지 못해 모두의 가슴속에 안타까움을 남겨준 김 교수는 한국과학기술한림원이 주최하는 제64회 한림석학강연의 연사로 초청돼 내한했다. 강연의 제목은 '상대성이론, 양자역학 그리고 그래핀'.

2002년부터 그래핀 연구 시작

"1928년 영국의 물리학자 폴 디랙은 상대성이론을 양자역학에 접목한 '상대론적 양자역학'을 발표했습니다."

'그래핀에 양자역학은 몰라도 상대성이론까지 관계가 있나?'라는 의문에 답을 하듯이 김 교수는 상대론적 양자역학을 자세히 설명했다. 디랙은 전자가 빛의 속도에 견줄 정도로 빨리 움직일 경우 기존 양자역학으로는 제대로 설명할 수 없다며 특수상대성이론을 적용한 것이다. 그 결과가 유명한 '디랙방정식'이다.

2005년 김 교수팀이 〈네이처〉에 발표해 김 교수를 일약 그래 핀 분야의 선두주자로 만든 논문이 바로 상대론적 양자역학으로 설명되는 현상인, 그래핀의 전자가 보이는 양자홀 효과quantum hall effect•다. 그래핀의 전자가 상대론적 양자역학을 따를 것이라 는 건 이미 1947년 캐나다의 물리학자 필립 왈라스가 예측했다. 다만 벌집 모양의 탄소 한 층으로 된 그래핀을 얻을 수 없어서 누 구도 실험으로 증명하지 못하고 있었다.

"2002년 콜롬비아대학에 부임해서 첫 대학원생인 양보 장에게 '우 리가 그래핀을 만들어보자!'며 일을 시작했습니다."

김 교수는 연필심의 흑연이 결국 그래핀이 수없이 층층이 쌓 인 구조라는 점에 착안해 '나노연필심'을 만든 뒤 이 연필심을

한림석학강연에서 열강하 고 있는 김필립 교수(사진 강석기).

절연물질 위에 찍을 경우 그래핀 층이 떨어질 거라고 생각하고 실험을 진행했다. 그 결과 2년 만에 그래핀 10장이 겹쳐진 흑연층을 얻는 데 성공했다. 이 상태에서도 독특한 물성이 나오자 김 교수팀은 논문을 썼고 한 장짜리 진짜 그래핀을 얻는 후속 연구를 계속했다.

"그런데 영국에서 비슷한 일을 하는 친구들이 있다는 소문이 들려오더군요. 2004년 가을 〈사이언스〉에 영국 맨체스터대학의 안드레 가임 교수팀이 그래핀을 얻었다는 논문을 실었습니다."

김 교수는 이 소식에 두 가지의 충격을 느꼈다고 한다. 하나는 2년간 심혈을 기울인 연구가 물거품이 됐다는 것이고 또 하나는 이들이 그래핀을 얻은 방법 때문이었다.

"흑연에 붙였다 뗀 스카치테이프를 다시 이산화규소판에 붙였다 뗀 뒤 이산화규소판에 붙어 있는 흑연 찌꺼기를 자세히 살펴보니 그래핀이 있더라는 것이죠. 콜럼버스의 달걀이라는 말이 실감나더군요."

"풀이 죽어 있는 양보 장을 위로하며 문구점에 가서 스카치테이프를 사 오라고 했다"는 김 교수의 말이 나오자 폭소가 터졌다.

"똑같이 따라했더니 1주일 만에 그래핀이 나오더군요."

이 말에 또다시 폭소.

김 교수팀은 이렇게 얻은 그래핀으로 물성을 측정해 양자홀 효과를 규명했고 이듬해 논문이 〈네이처〉에 비슷한 결과를 얻은 가임 교수팀의 논문과 나란히 실렸다. 그 뒤 두 팀은 때로는 경쟁하고 때로는 협력하면서 그래핀 분야를 이끌어왔다.

강연보다 뜨거웠던 일문일답 시간

"미녀와의 1시간이 1분처럼 느껴지는 것이라고 할까요."

상대성이론을 알기 쉽게 설명해달라는 기자들의 요청에 아인슈타인이 했다는 이 말이 떠오를 정도로 80분간의 강연이 순식간에 지나갔다. 그 뒤 질의응답 시간이 이어졌다. 여기저기서 손을 들었고 '당첨'된 학생들이 때로는 기발한, 때로는 진지한 질문을 쏟아냈다. 김 교수는 재치 있으면서도 두고두고 생각할 거리를 주는 답을 했다.

"상대론적 양자역학은 물리학과 학생들도 배우지 않고 졸업하는 경우가 많은 어려운 과목입니다. 대학원 때 강의를 들으며 '이걸 뭐하러 배우나……'라고 생각했지만 결국 그 덕분에 그래핀 연구에서 앞서 갈 수 있었죠."

김 교수는 학생들이 연구의 '트렌드'에 너무 신경 쓰지 않았으면 한다고 당부했다. 지금 학생들이 연구를 이끌 10년 뒤에 어떤 주제가 부상할지 알 수 없는데 현재 상황을 보고 '골라서' 공부하는 게 결코 똑똑한 행동이 아니라는 것이다.

한편 물리학은 김 교수처럼 천재만 할 수 있는 학문이 아니냐는 질문에 김 교수는 "나는 천재가 아니다"라며 대학 시절 에피소드를 소개하기도 했다.

"사회를 보시는 김 교수님이 제 대학 시절(서울대) 은사이신데 3학년 때 수리물리학을 가르치셨습니다. 그때 시험을 보는데 두 시간에 여섯 문제를 풀어야 했어요. 두 문제를 풀고 나니 벌써 한 시간이 지나 서두르는데 벌써 다 풀고 나가는 친구도 있더군요."

아무리 머리가 좋아도 꾸준히 매달리는 사람은 못 당한다는 게 김 교수의 생각이다. 그러려면 자기가 흥미를 갖는 걸 찾아서 해야 한다고 말한다.

김 교수는 앞으로도 그래핀의 물성을 계속 연구하고 아울러 이와 비슷한 구조의 다른 물질들에도 관심을 둘 것이라고 말했다. "포탄은 떨어진 곳에 다시 떨어지지 않는다"는 김 교수의 농담처럼 이 주제에 노벨상이 또 주어질 가능성은 거의 없지만 연구는 노벨상을 타려고 하는 건 아니기 때문이다.

"연구는 즐기면서 해야 합니다. 자기가 부여하는 동기가 있어야 해요. 이게 사라지는 순간 과학자의 진정한 삶도 사라지는 것이죠."

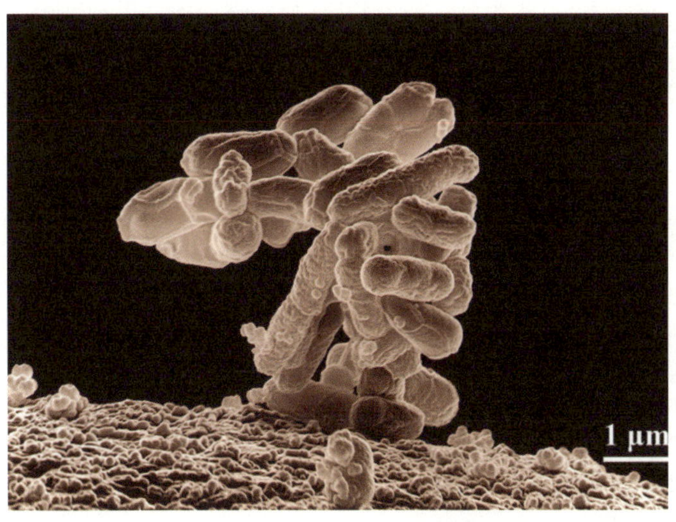

대장균 덩어리의 전자현미경 사진(1만 배). 대장균은 길이 2마이크로미터, 폭 0.5마이크로미터의 짧은 막대 모양이다(사진 ARS).

4

대장균의 추억

생명과학을 전공한 대학원생 열에 아홉은 대장균을 키우는 게 일상 업무일 것이다. 보통 대장균 대신 학명의 약자인 '이콜라이 *E. coli*'라고 부르는데 정식 학명은 '에서리키어 콜라이*Escherichia coli*'로 대장균을 처음 발견한 독일의 미생물학자 테오도르 에서리히*Theodor Escherich*(1857~1911)의 이름에서 속명을 따왔다. 종소명 콜라이는 대장大腸이라는 뜻이다.

대장균을 키우려면 먼저 배지를 준비해야 한다. 증류수가 담긴 삼각플라스크에 각종 영양분이 골고루 들어 있는 효모 추출물과 설탕을 넣고 잘 섞어준 뒤 고압멸균을 한다. 그러면 화이트 와인 샤르도네가 연상되는 노르스름한 투명한 액체가 된다. 여기에 조심해서(다른 균이 오염되지 않게) 페트리접시에 있는 대장균 콜로니(세포 하나에서 증식한 덩어리)를 따서 넣어준다.

그리고 삼각플라스크를 배양기에 넣는데 배양기의 온도는 37도로 바로 우리 체온이다. 이 온도에서 대장균이 가장 잘 자라기 때문이다. 다음 날 배양기를 열어 삼각플라스크 안의 액체가 뿌여면 대장균이 잘 자란 것이다. 이제 하기 싫은 일이 남았다. 배양액을 통에 담아 원심분리기에 넣고 돌려 세포를 모으는 일이다. 이때는 상당한 '구린내'를 감내해야 한다.

필자도 대학원에서 햇수로 만 4년을 일주일에 한두 번꼴로 이 일을 했지만 도무지 적응이 안 됐다. 그러고 보면 화장실 냄새는 사실 우리 몸 때문에 나는 게 아니라 장에 사는 대장균을 비롯한 장내 미생물 때문이라는 게 실감난다. 물론 요즘은 장내 미생물이 없다면 사람이 살 수가 없다는 게 밝혀져서 장내 미생물도 우리 몸의 일부라는 관점이 설득력을 얻고 있지만 말이다.

대장균을 처음 발견한
독일의 미생물학자
테오도르 에셔리히

대장균은 생명과학의 감초

실험실에서 구린내 나는 대장균을 키우는 이유는 물론 필요하기 때문이다. 사실 분자생물학으로 대표되는 현대 생명과학의 발달은 대장균 없이는 생각하기 어렵다. 대장균 자체도 아마 가장 많이 연구된 박테리아겠지만 생명과학 연구자 대다수는 대장

균 자체가 연구 대상이
아니라 '유전자 재조합'
이라는 실험을 할 때 '수
단'으로 대장균을 이용
한다.

즉 대장균에는 본래의
게놈 말고도 플라스미드
plasmid라고 하는 고리 형

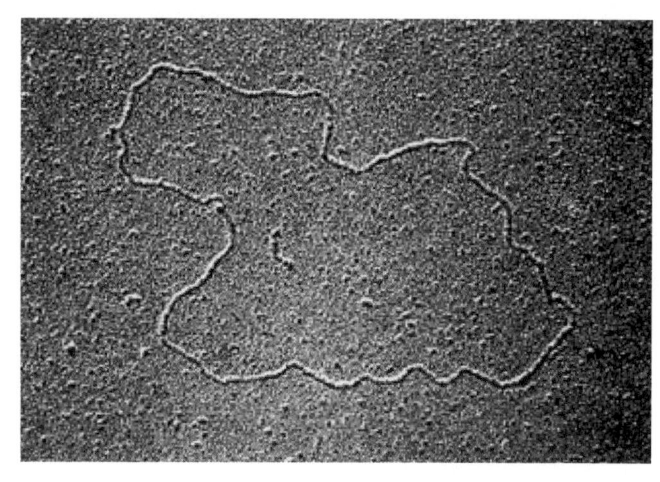

원형 DNA 가닥인 플라스
미드의 전자현미경 이미지
(제공 BCCM).

태의 작은 DNA가 있는데 이 플라스미드를 이용해 디자인한 유
전자를 세포 안에 넣어 증폭시킬 수 있기 때문이다. 유전자에 형
광 꼬리표를 달거나 특정 염기 서열을 바꿔치기해 변형 단백질
유전자를 만드는 등 다양한 조작을 한 플라스미드를 대장균 배
지에 넣어준 뒤 화학적 또는 전기적 처리를 하면 이 플라스미드
가 약해진 세포벽을 뚫고 대장균 안으로 들어간다. 플라스미드
를 받아들인 대장균은 세포분열을 하면서 플라스미드도 복제하
기 때문에 결국 충분한 플라스미드를 얻어 다음 단계의 실험을
진행할 수 있다.

그렇다면 대장균은 과학자들이 실험을 하라고 플라스미드를
갖고 있었던 걸까. 물론 그럴 리야 없다. 플라스미드는 대장균이
급변하는 환경에서 살아남기 위한 기발한 생존 전략의 산물이다.

유전자의 이동이라면 우리는 부모가 자식에게 물려주는 수직
이동만을 떠올리지만 주로 무성생식을 하는 박테리아의 세계에
서는 수직이동의 변수는 돌연변이뿐이다. 오히려 수평이동이 새

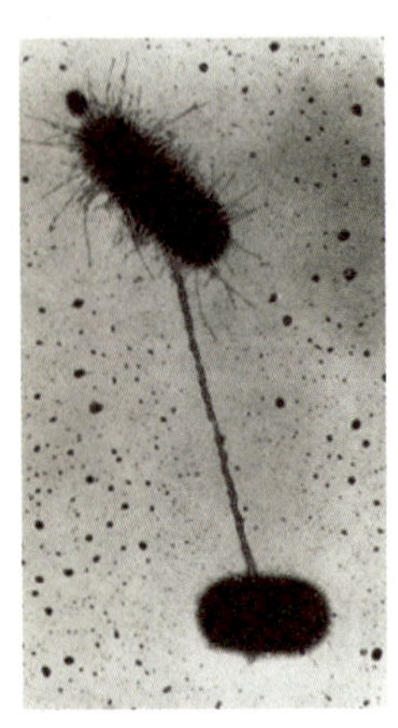

박테리아가 유전자를 교환 하기 위해 서로 접합한 장 면을 담은 전자현미경 사진 (사진 Charles C. Brinton Jr.).

로운 유전자를 얻는 방법인데 그 매개체가 바로 플라스미드다. 즉 박테리아 사이에 나노파이프를 연결해 플라스미드를 주고받 는데 이를 '접합conjugation'이라고 부른다.

새로 개발된 항생제가 박테리아를 전멸시키다가도 우연히 그에 대해 저항성이 있는 유전자를 갖는 돌연변이 박테리아가 나오면 이 유전자가 접합을 통해 주변 박테리아로 이동하면서 항생제 저항성을 갖는 박테리아가 급격히 늘어날 수 있는 것이다. 유전학의 아버지인 멘델이나 진화론의 대부 다윈이 이 사실을 알았다면 무릎을 쳤을 것이다.

장출혈성 대장균 공포 확산

2011년 독일을 중심으로 발발한 장출혈성 대장균 사태도 유전자의 수평이동이 문제일 것이다. 평범한 또는 병원성이 약한 대장균이 누군가에게서(대장균과 가까운 박테리아일 가능성이 크다) 독소 유전자를 전달받아 맹독성으로 바뀌었을 것이다.

사실 평범한 대장균은 사람의 대장에 거주하면서 비타민K_2를 합성해 공급해주고 다른 유해세균이 들어오면 무찌르는 보초병 역할도 하는 유익균이다. 그런데 이처럼 이상한 유전자를 전달 받으면서 병원성으로 바뀌는데 그 종류만 200여 가지에 이른다.

외국을 여행하다 보면 종종 배탈이 나는데 많은 경우 그곳 대장균이 장에 들어와 탈을 일으키기 때문이다. 주로 설사를 일으키는 장독성 대장균으로 현지인들은 이런 변형에 저항성이 있어 그런 현상이 없다. 인구 집단에 따라 대장균의 병원성 여부(대체로 심각하지는 않다)가 결정되는 셈이다.

문제는 '장출혈성 대장균Enterohemorrhagic E. coli(줄여서 EHEC)'으로 이 녀석은 베로톡신verotoxin이라는 치명적인 장독소를 만들어낸다. 그 결과 장출혈뿐 아니라 신부전 증세까지 일으켜 심하면 목숨을 잃는다. 이번 장출혈성 대장균 사태로 50명이 사망했다고 한다.

유럽을 공포에 빠뜨렸던 병원성 대장균은 O104:H4이다. 한편 우리가 기억하는 유명한 장출혈성 대장균은 O157:H7(보통 O157로 불린다)이다. 이 기호들은 혈청 반응의 종류로 대장균 표면에 있는 생체 분자의 구조(O는 지질다당류, H는 편모)를 항원으로 해 형성되는 항체에 따라 명명됐다.

이 가운데 O157:H7은 2000년대 들어 세계 이곳저곳에서 워낙 많은 문제를 일으켰기 때문에(미국에서는 지금도 매년 6만여 명이 감염돼 50여 명이 사망한다고 한다) 꽤 많이 연구된 변종이다. 흥미롭게도 O157:H7의 독소인 베로톡신은 친척 박테리아인 시겔라Shigella의 시가독소Shiga toxin와 비슷하다고 한다. 연구 결과 시겔라의 시가독소 유전자가 박테리오파지(박테리아에 감염하는 바이러스)를 통해 대장균으로 이동한 걸로 밝혀졌다.

장출혈성 대장균 O104:H4는 상대적으로 알려진 게 없어 더 불안한데 그 독성은 O157:H7을 능가한다고 한다. 중국 선전에

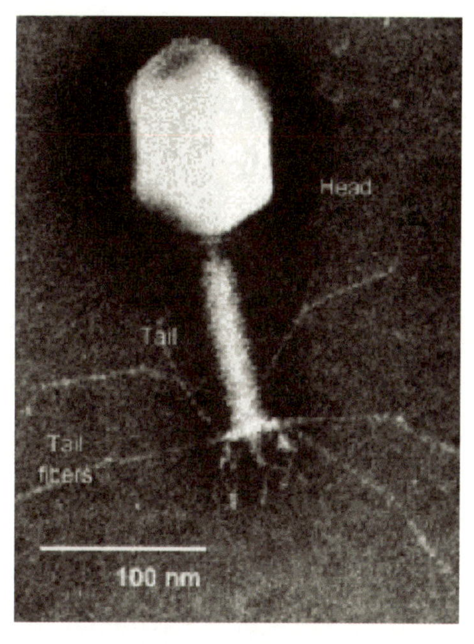

장출혈성 대장균의 대명사인 O157:H7의 독소인 베로톡신은 친척 박테리아인 시겔라의 시가독소 유전자가 박테리오파지(박테리아에 감염하는 바이러스)를 통해 대장균으로 이동한 걸로 밝혀졌다. 박테리오파지의 전자현미경 사진.

있는 베이징게놈연구소^{BGI}는 2011년 6월 2일 이번 O104:H4 변종의 게놈을 분석해 그 결과를 발표했다(3세대 게놈분석장비를 써서 3일 만에 해독과 분석을 끝냈다고 한다!).

이 녀석의 게놈 크기는 520만 염기쌍으로 중앙아프리카공화국에서 심각한 설사를 일으킨 변종인 EAEC 55989 대장균과 염기 서열이 93퍼센트 동일하다(박테리아에서 93퍼센트는 매우 높은 유사성이다). 이 박테리아가 장출혈을 일으키는 독소 유전자와 여러 항생제 저항성 유전자까지 유전자 이동을 통해 획득해 '슈퍼 독성 변종^{Super-Toxic Strain}'이 된 걸로 추정하고 있다.

흥미롭게도 O104:H4의 병원성이 처음 보고된 사례는 우리나라에서 나왔다. 2004년 29세 여성이 복통을 호소하며 병원에 왔는데 혈변, 급성신부전 등의 증세를 보였으나 다행히 한 달 만에 완쾌했다. 이 환자의 몸에서 O104:H4가 발견됐고 이 사례는 2006년 〈연세 메디컬 저널〉에 발표됐다.

그러나 2004년 우리나라에서 발견된 O104:H4와 2011년 독일에서 발견된 O104:H4는 유전자형이 다르다고 한다. 이 녀석의 사연을 밝혀내려면 꽤 많은 연구가 필요할 듯하다.

비소 박테리아가 발견됐다고 하는 미국의 모노 호수

2010년 12월 2일(현지시간) 미국항공우주국^{NASA}의 '중대 발표'가 미국의 모노 호수에서 발견한 특이한 박테리아에 대한 내용으로 밝혀지자 "이젠 NASA도 낚시질하나?"라며 어이없어 한 사람들이 많았다고 한다. NASA가 발표 며칠 전부터 예고를 해와 이 발표에서 외계생명체가 공개될 거라는 소문이 무성했기 때문이다. 내막은 모르겠지만 NASA가 이런 극적인 자리를 마련해 외계생명체를 찾는 연구의 정당성을 부각하려고 했을 수도 있다. 지구에도 이런 특이한 생명체가 있으니 우주에 없을 리가 없다고 말이다.

'비소 박테리아'로 불리는 이 박테리아는 DNA 같은 생체분자를 만들 때 인(P) 대신에 비소(As)를 쓴다고 한다. 만일 이 주장이 사실이라면 NASA가 설사 이런 잔꾀를 부렸다고 해도 '옥에 티'도 안 될 것이다. 이게 진짜라면 1953년 왓슨과 크릭의 DNA 이중나선 구조 규명을 능가하는 발견이라고 생각하기 때문이다 (물론 필자의 의견일 뿐이지만).

생명체는 정교한 화학반응의 결과물

분자의 관점에서 생명체를 바라보는 생화학자나 분자생물학자들의 '환원주의'에 대한 비판이다. 실제로 환원주의는 DNA 구조 발견을 필두로 20세기 후반을 풍미했지만 아직까지 생체 물질을 모아다가 생명체를 '창조'하지는 못하고 있다. 그러나 환원주의를 비판하는 사람들조차도 환원주의자들이 발견한 생명체의 기본 6대 원소, 즉 탄소, 수소, 질소, 산소, 인, 황이 생명체에 없어서는 안 된다는 것은 상식으로 생각하고 있다.

DNA나 RNA 같은 핵산은 유전정보의 보존과 전달에, 단백질은 생체반응 촉매나 구조물에, 지질은 세포막에, 탄수화물은 에너지 저장 물질로 쓰인다. 즉 세포로 이뤄진 모든 생명체가 필수적으로 갖춰야 하는 생체분자들이다. 그런데 이들을 이루는 게 바로 위의 여섯 원소들이다.

그런데 NASA의 연구진들이 인이 없어도 증식할 수 있는 박테리아를 발견했다고 주장한다. 인은 핵산의 뼈대를 이루고 단백질 활성에 관여하며 (인산기가 붙었다 떨어졌다 하면서) 두 층으로 된 지질의 바깥쪽에 붙어 있고(그래서 '인

생명체의 기본 6대 원소, 탄소(Carbon), 수소(hydrogen), 질소(nitrogen), 산소(oxygen), 인(phosphorus), 황(sulfur)

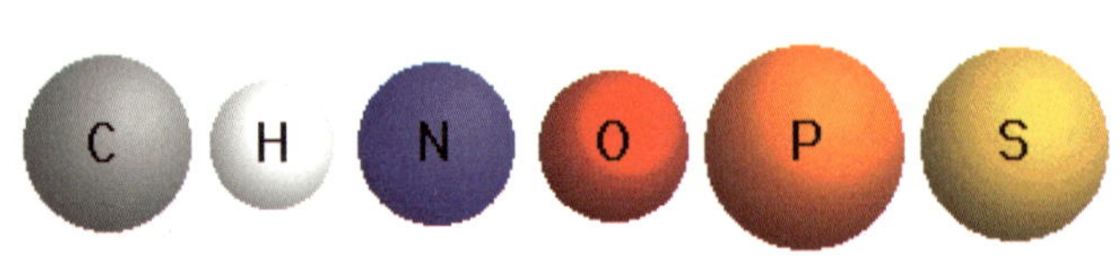

지질'이라고 부른다) 탄수화물의 대사에도 관여한다(세포호흡은 포도당에서 세포가 바로 쓸 수 있는 에너지 분자인 ATP를 만드는 과정인데, ATP는 아데노신3인산Adenosine triphosphate의 약자다).

따라서 생체반응 전반에 관여하는 인이 없이도 살아갈 수 있는 생명체가 있다는 건 상상할 수도 없는 일이었다. 그런데 이번에 인 대신 비소Arsenic가 이런 역할을 할

마이크로X선형광법을 쓰면 배양접시 위에서 특정 원소의 분포를 파악할 수 있다(파란색에서 빨간색으로 갈수록 농도가 높다는 뜻). 왼쪽 위부터 시계 방향으로 비소, 인, 아연, 철의 농도를 나타낸다. 비소와 아연, 철의 농도는 세포 군집에 비례하지만 인은 거의 검출되지 않아 비소가 인을 대체했음을 강력히 시사하고 있다(사진 제공 〈사이언스〉).

수 있다고 주장하는 연구 결과가 발표된 것이다. NASA가 아니었다면 명함도 내밀기 어려운 주장이다.

비소는 주기율표에서 인 바로 아래 놓이는 원소다. 따라서 물리, 화학 특성이 인과 비슷하다. 하지만 생물학으로 넘어오면 얘기가 달라진다. 오히려 생명체에서는 이렇게 비슷한 원소일수록 독이 된다. 예를 들어 생체 시스템이 비소를 인으로 착각해 생체 분자를 만드는 데 쓴다면 분자가 불안정해져 곧 파괴되거나 엉뚱한 화학반응을 일으킬 수 있기 때문이다.

10톤 하중을 견딜 수 있는 철골을 써야 하는데 비슷하게 생긴 1톤 하중을 견디는 걸 써서 건물을 짓다가 무너지는 꼴이다. 생명체에서 비소가 독인 이유다. 따라서 비소의 농도가 높은 환경에서 살아가는 생명체는 비소를 식별해 격리하거나 세포 밖으로

배출하는 메커니즘을 발달시켰다.

외계생명체 운운은 사족

NASA가 발표한 비소 박테리아 발견에 대한 논문은 같은 날 과학저널 〈사이언스〉의 온라인판인 익스프레스(중요한 논문은 저널에 최종판을 싣기 전 인터넷에 미리 공개한다)에 실렸는데 본문 어디에도 '천문astro-'이나 '외계extraterrestrial'라는 단어가 나오지 않는다. "외계생명체 발견 가능성 커졌다" 운운은 사족일 뿐이다. 본질은 생명과학의 뿌리가 흔들렸다는 데 있다.

논문은 대학에서 생화학 강의를 들었다면 핵심을 파악할 수 있을 정도로 평이하다. 저자들은 생명체에서 주로 쓰는 원소 대신 다른 원소로 대체하는 예들(효소에서 아연 대신 카드뮴을 쓰는 따위)을 언급하면서 "그러나 생명에 필수적인 6가지 원소를 대체한 보고는 아직 없었다. 여기서 우리는 자연계에 사는 박테리아의 생체분자에서 비소가 인을 대체할 수 있다는 증거를 제시한다"며 본론을 시작한다.

'설마……'

인은 주로 인산이온phosphate(PO_4^+)의 형태로 생명체에 존재한다.

비소 박테리아의 현미경 사진. 왼쪽 사진의 세포 안의 쌀알처럼 생긴 게 액포로 이 안에 비소가 농축돼 있다. 오른쪽 사진은 비소 박테리아 군집(사진 〈사이언스〉).

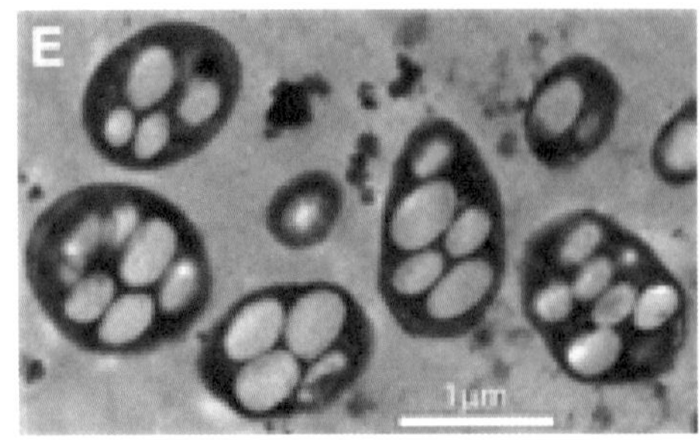

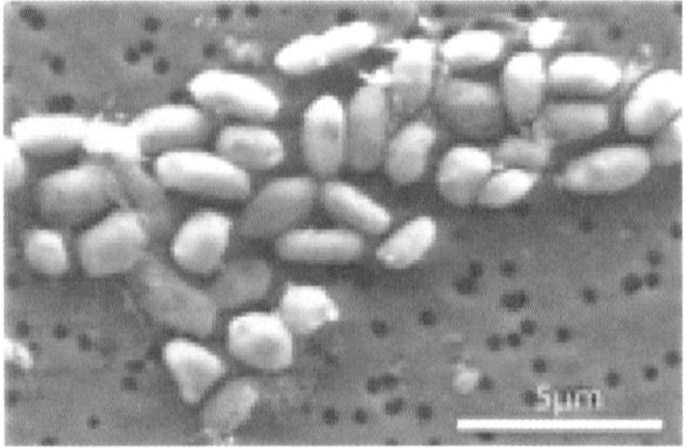

연구자들은 호수에서 채취한 박테리아(GFAJ-1로 명명)를 배양할 때 인산이온 대신 비산이온^{arsenate}(AsO_4^{3-})을 넣어줬다. 상식대로라면 증식은커녕 원래 박테리아도 죽어나갈 것이다. 그런데 놀랍게도 박테리아가 증식했던 것(6일 만에 숫자가 20배 넘게 늘어남).

연구자들은 이렇게 키운 박테리아를 건조해 인의 함량을 조사했다. 그 결과 건조 중량의 0.02퍼센트로 정상 조건에서 자란 박테리아에서 측정되는 1~3퍼센트의 100분의 1 수준이었다. 이 양으로는 DNA나 단백질 같은 생체분자가 필요로 하는 인산을 충당할 수가 없다. 게다가 인산이온도 비산이온도 넣지 않은 조건에서는 박테리아가 자라지 않았다.

진짜면 생명과학 최대 사건

2010년 12월 3일자 〈사이언스〉에는 이 논문을 다룬 기사가 실렸다. 이에 따르면 연구를 주도한 미생물학자 펠리사 울프사이먼 Felisa Wolfe-Simon 박사는 주위 사람들의 회의적인 반응에도 이 박테리아가 인 대신 비소로 살아갈 수 있는지 그 가능성을 실험해보기로 했다. 그리고 이런 엄청난 발견을 한 것이다. 만일 그가 생체 화학반응의 디테일을 알고 있는 생화학자였다면 이런 '어리석은' 시도는 하지 않았을지도 모른다.

그러나 모든 과학자가 이들의 발견을 믿고 있는 건 아니다. 생

이번 연구를 이끈 펠리사 울프사이먼 박사가 비소가 들어 있는 배지에 접종하기 위해 모노 호수의 진흙을 처리하고 있다(제공 NASA).

화학자인 미국 플로리다국제대학 배리 로젠 교수는 연구 결과를 신뢰할 만하다면서도 비소가 박테리아 세포 안에 농축돼 있을 뿐 인을 대신해 쓰인 건 아닐 가능성을 배제할 수 없다고 언급했다. 미국 응용분자생물학재단의 우주생물학자인 스티븐 벤너 박사는 "이 연구가 확실히 입증한 건 아니다"라는 입장이다.

필자 역시 하루 종일 이 문제를 생각해봤지만 진짜라고는 도저히 믿기지 않는다. DNA는 그렇다 쳐도(벽돌의 역할이므로) 다양한 생체반응에 관여하는 ATP 같은 분자가 ATA(아데노신3비산 adenosine triarsenate)로 바뀌어도 된다는 건 아무리 생각해도 말이 안 되기 때문이다. 생체반응은 매우 정교하게 이뤄지기 때문에 인이 포함된 ATP 대신 비소가 있는 ATA가 참여한다면 엉망이 될 것이기 때문이다. 게다가 이 박테리아는 인산이 풍부할 땐 인산을 쓴다니(시스템이 비산에만 적용되게 진화했다면 차라리 수긍하겠다!) 알 수 없는 노릇이다.

필자가 살짝 의심이 가는 건 세포를 조심스레 깨 세포 안의 구성 성분들을 분리한 뒤 이런 분자의 존재를 확인하는 게 그렇게 어렵지 않았을 텐데 이런 데이터는 없다는 점이다. 아무튼 가능성은 다음 셋 중 하나다. 만일 ③이 정답이라면 생명과학의 최대 사건일 것이다!

생체화학반응에서 약방의 감초 역할을 하는 ATP 분자. 인(P)의 자리에 비소(As)가 들어간 분자(ATA)가 이런 역할을 제대로 할 수 있을지 의문이다.

① 비소는 세포 안에 농축돼 있을 뿐 생체분자의 구성 요소로는 참여
하지는 않는다(실제 GFAJ-1과 가까운 박테리아 가운데 이런 식
으로 비소 독성을 견디는 종이 있다).

② DNA 같은 분자에서 비소가 인의 일부를 대체한다(이 정도로도
생명과학 분야에서 21세기 최대 발견).

③ 비소가 인을 완전 대체할 수 있다!

비소 박테리아 발표가 워낙 큰 논란을 불러일으켰기 때문이었
을까. 보통 논문이 온라인판에 나간 뒤 3~4주가 지나면 저널에
최종판이 실리는데 이 논문은 몇 개월이 지나도 소식이 없었다.
따라서 필자는 아마도 〈사이언스〉가 부담을 느끼고 발을 뺀 게
아닌가 하는 생각을 했다.

그런데 반년이 흐른 2011년 6월 3일자에 마침내 논문이 정식
게재됐다. 더 놀라운 사실은 6개월이나 시간이 지났는데도 논문
은 본질적으로 변한 게 없었다. 따라서 여전히 비소 박테리아 논
란은 진행 중이다.

〈사이언스〉와 라이벌인 주간과학저널 〈네이처〉가 이 호기를
그냥 지나칠 리 없다. 〈네이처〉는 비소 박테리아에 대한 과학자
들의 비판을 부각한 기사를 틈틈이 내보내더니 2011년 마지막 호
에 싣는 '2011년 화제가 된 10명' 가운데 한 사람으로 캐나다 브
리티시컬럼비아대학 로지 레드필드^{Rosie Redfield} 교수를 선정했다.

미생물학자인 레드필드 교수는 NASA가 비소 박테리아 발견
을 발표한 직후부터 자신의 블로그에 이 발표가 엉터리라며 조

비소 박테리아 발표 이후
이 실험을 반박하는 주장을
블로그에 올려 화제가 된
캐나다 브리티시컬럼비아
대학 로지 레드필드 교수
(제공 〈네이처〉).

목조목 반박하는 글을 실어왔다. 그리고 한 걸음 더 나아가 자신의 실험실에서 비소 박테리아인 GFAJ-1을 비소 환경에서 배양하는 실험도 진행했다.

연구자들은 '예상대로' NASA팀의 결과를 재현하는 데 실패했다. 레드필드 교수는 "우리가 말할 수 있는 건 DNA 어디에도 비소가 없다는 것"이라고 말했다.* 이에 대해 펠리사 울프사이먼 박사는 여전히 자신의 주장을 철회할 의사가 없다며 대신 자신의 주장을 좀 더 확실하게 입증할 실험을 계속하겠다고 밝혔다. 물론 〈네이처〉가 선정한 '2011년 화제가 된 10명' 가운데 그녀의 이름은 없다.

레드필드 교수팀의 연구결과는 〈사이언스〉 2012년 7월 27일자에 실렸다. 자세한 내용은 『사이언스 소믈리에』 170쪽 '비소 박테리아는 없었다!' 참조.

6

구제역과 시험관 고기

2010년 11월 29일 경북 안동을 시작으로 퍼졌던 구제역으로 350만 마리가 넘는 소와 돼지가 매몰됐다. 우리나라 가축 매몰 역사상 최악일 뿐 아니라 세계적으로도 영국(2001년 1000만 마리 살처분)과 대만(1997년 380만 마리 살처분)에 이어 세 번째 규모다.

우리나라에는 소 300만 마리, 돼지 900만 마리 정도가 사육된다. 합치면 인구의 4분의 1이나 되는 수치다. 이처럼 많은 가축이 살고 있는 건 물론 우리가 그만큼 고기를 많이 먹기 때문이다. 한 사람당 1년에 소고기는 7킬로그램, 돼지고기는 18킬로그램 소비한다. 한 세대 만에 소비량이 두 배 가까이 늘었다. 식생활 서구화란 말이 실감난다.

구제역이나 조류독감, 광우병 같은 문제가 터지면 필자는 늘 '이참에 채식주의를 실천하자'는 주장이 나올 법도 한데……'라고 생각한다. 그런데 그런 목소리는 거의 들리지 않는다. 육식을 포기하는 '근본적인' 해결책은 '고기 맛을 알아버린' 우리들에겐 너무나 큰 희생이기 때문일까.

성체줄기세포 배양해 근육 만들어

과학저널 〈네이처〉 2010년 12월 9일자에는 기괴한 기사가 실렸다. 니콜라 존스란 자유기고 저널리스트의 글로 '시험관 고기in vitro meat'의 연구 현황을 소개하고 있다. 이런 연구에 대해 들어본 적이 없는 필자로서는 '미래의 얘긴가?' 하고 읽어봤는데, 웬걸 이미 수년째 진행되고 있는 연구였다.

글은 시험관 고기 연구자인 네덜란드 아인트호벤공대 마크 포스트 교수Mark Post의 이야기를 주로 다루고 있다. 포스트 교수는 원래 줄기세포stem cell●를 연구하는 조직공학자였는데 이를 의학에 이용하는 것보다 스테이크를 만드는 데 써먹는 게 더 낫겠다고 판단해 이 분야에 뛰어들었다.

시험관 고기 연구자인 네덜란드 아인트호벤공대의 마크 포스트 교수

그는 돼지에서 얻은 근위성세포(근육 성장과 재생에 관여하는 성체줄기세포)를 배양해 증식시킨 뒤 세포 덩어리를 틀에 고정해 전기충격을 줘 실제 근육 같은 조직을 만들도록 유도했다. 그냥 세포 덩어리는 '씹히는' 맛이 없기 때문이다(살코기는 결국 동물의 근육이다).

이처럼 세포를 배양하는 장치에서 얻은 고기를 '시험관 고기

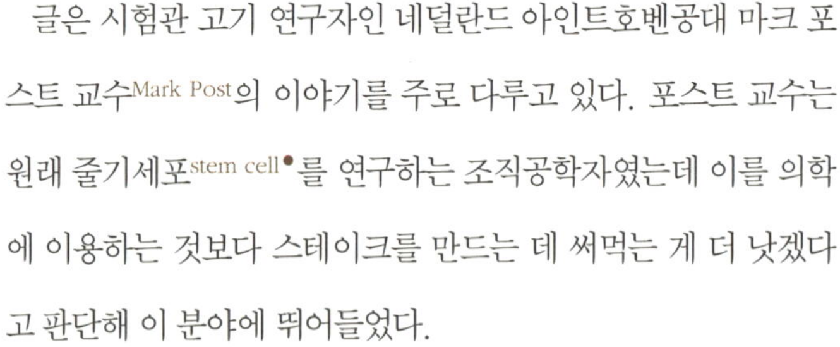

줄기세포 다양한 세포로 분화할 수 있는 미분화세포로 세포분열을 통해 숫자를 늘릴 수 있고 조건에 따라 특정 세포로 분화할 수 있다. 최근 의학계에서 활발히 연구하고 있다.

시험관 고기 햄버거가 나오기까지

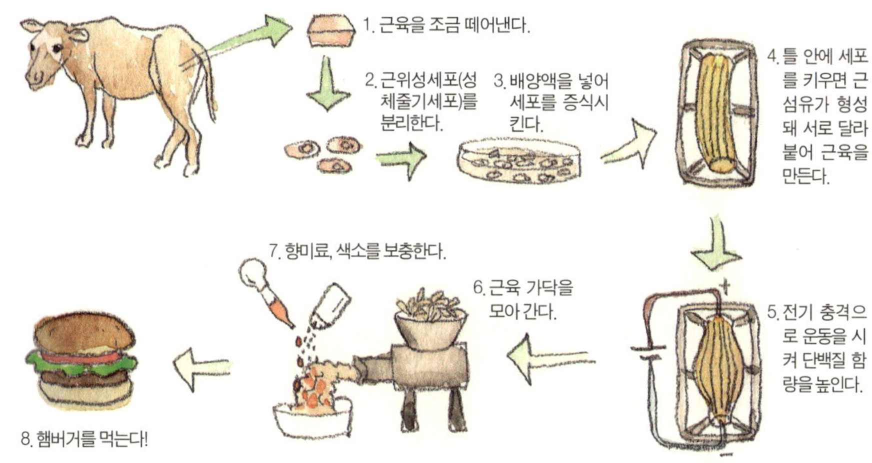

in vitro meat'라고 부른다. 시험관 고기는 콩 단백질을 가공해 만든 인조고기(소위 콩 고기)와는 차원이 다르다. 가축을 도축해서 얻지는 않았지만 진짜 고기이기 때문이다. 이 '시험관 고기' 연구는 네덜란드 정부가 2005년부터 2009년까지 200만 유로(약 30억 원)를 지원한 '진지한' 프로젝트다.

2012년 2월 캐나다 벤쿠버에서 열린 '미국과학진흥협회AAAS' 회의에서 포스트 교수는 최근 시험관 고기 연구 현황을 소개했다. 이에 따르면 연구진들은 소의 줄기세포에서 시험관 고기를 만드는 연구를 진행하고 있는데 2012년 가을에 시험관 소고기를 다져 만든 햄버거를 만들 계획이라고 한다. ■■

물론 현재는 시험관 고기를 만드는 비용이 어마어마하게 비싸 시험관 소고기로 햄버거 하나를 만들려면 33만 달러(약 3억 7000

과학자들이 조직공학 기술을 써서 먹을 수 있는 시험관 고기를 개발하고 있다.

■■ 2013년 8월 5일 런던에서 영국의 요리사 리처드 맥거원이 시험관 고기 140그램으로 햄버거를 만들었고, 오스트리아 음식평론가 하니 뤼츨러와 미국의 언론인 조쉬 숀월드가 시식했다. 이들은 육질은 비슷했으나 육즙이 부족하고 지방이 없어 풍미가 떨어진다고 평가했다. 이 자리에 참석한 포스트 교수는 시험관 고기보다 '배양된 고기(cultured meat)'라고 불러 달라고 이야기했다.

만 원)가 든다고 한다. 그럼에도 프로세스가 개선되고 대형화되면 승산이 있다고 포스트 교수는 주장한다. 물론 그때까지 인내심을 갖고 돈을 대줄 투자자가 나올지는 의문이다.

아무튼 포스트 교수는 시험관 고기가 친환경적이고 인도적이라 채식주의자들도 죄의식에서 벗어나 고기를 맛볼 수 있게 될 것이라고 주장한다. 실제로 시험관 고기 생산법이 제대로 작동한다면 고기를 키울(?) 때 들어가는 에너지 소모량은 소를 키울 때의 절반 수준이고 온실가스 배출량은 10퍼센트 미만, 물 사용량은 5퍼센트 수준, 땅은 1퍼센트 정도다. 또 시험관 고기는 근육세포 덩어리일 뿐 신경이 없기 때문에(설사 있다고 해도 연결된 신경중추가 없다) 고통을 느끼지 못한다.

실제로 지난 2008년 'PETA People for the Ethical Treatment of Animals (동물의 윤리적 처우를 지지하는 사람들)'라는 단체는 2012년 6월까지 상용화 수준으로 시험관 닭고기를 만드는 연구자들에게 100만 달러를 준다고 선언하기도 했다. PETA는 2012년 4월 정례 모임에서 기한을 연장할 계획이라고 한다.

시험관 고기가 상용화되는 건 생산비가 기존 고기와 경쟁할 수 있게 되는 시점이므로 아직은 요원한 상태다. 물론 당사자인 포스트 교수는 충분한 연구비만 있다면 10년 뒤에는 가능할 거라고 주장하고 있다.

그런데 시험관 고기는 어떤 맛일까. 수년 전 포스트 교수의 실험실을 찾은 러시아의 방송 저널리스트가 고기를 집어 먹는 '돌발행동'을 했다고 하는데, 먹어보고 나서 "육질은 괜찮은데 맛은 없네(It is chewy and tasteless)"라고 평가했다고 한다. 실제 시험관 고기는 노란빛이 도는 옅은 분홍색이라 보기에도 별로 먹음직스럽지 않다고 한다. 색이 옅은 건 혈관이 없는데다 근육에 있는 미오글로빈 단백질의 양도 적기 때문이다. 포스트 교수는 현재 근육 내 미오글로빈의 양을 늘리는 방법을 모색하고 있다고 한다.

복제 가축의 고기도 (시장에 나올 경우) 먹을까 말까 고민해야 하는 마당에 시험관 고기라니 너무 나간 것 같다는 생각이 들기도 한다. 물론 시험관 고기는 지금은 필요악인 사육과 도축도, 역병이 돌아 가축 수백만 마리를 땅에 파묻어야 하는 곤혹스러움도 피할 수 있는 대안일 순 있겠지만 말이다.

PART 2

카페 콘파냐

유명한 과학자들의 알려지지 않은 이야기

과학의 카페 콘파냐

이탈리아어 콘파냐는 '~을 넣은'이라는 뜻.

유명한 과학자들의 알려지지 않은

뒷이야기를 콘파냐한

카페 콘파냐를 만나보자.

7

퀴리 부인의 남자 : 폴 랑주뱅

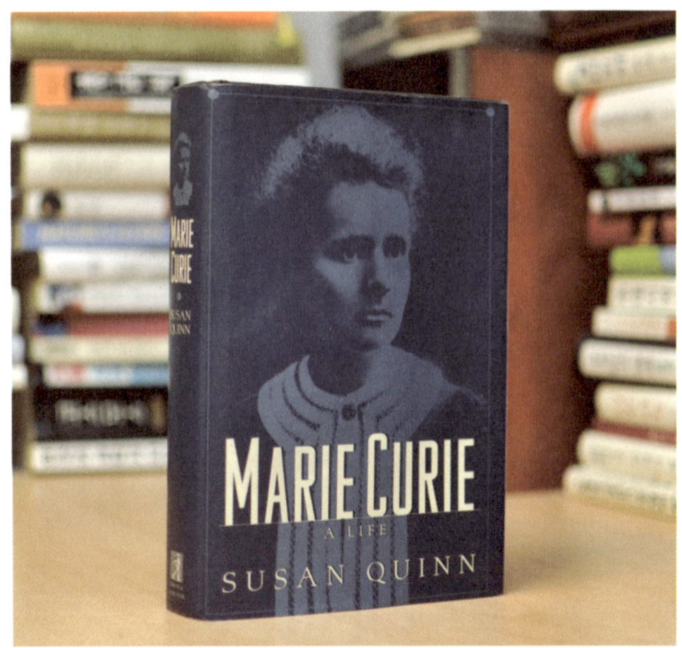

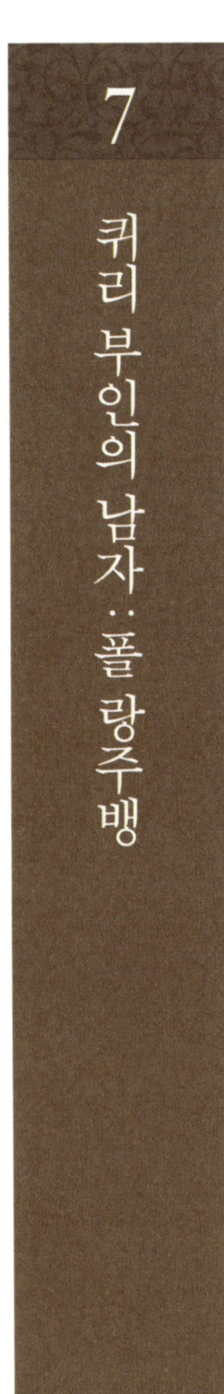

미국의 전기 작가 수전 퀸의 『마리 퀴리』

1996년 어느 날 우연히 수전 퀸이라는 작가가 쓴 퀴리 부인의 전기 『Marie Curie』(1995년 출간)를 읽게 됐다. 청소년 시절 둘째 딸 에브 퀴리가 쓴 전기만 읽었던 터라 다른 관점일 거란 생각에 영어 공부도 할 겸 사봤다. 그런데 책을 읽다가 충격적인 사실을 알게 됐다. 1906년 마차 사고로 남편 피에르 퀴리가 죽은 뒤 홀로 남은 퀴리 부인이 수년 뒤 당시 프랑스 최고의 물리학자와 불륜 관계를 맺었고 이 사실이 폭로돼 큰 고생을 했다는 내용이었다.

두 딸을 키우며 오로지 연구에만 몰두해 두 번째 노벨상(1911년 화학상)까지 받고 오늘날 불멸의 명성을 갖게 됐다고 알고 있었던 나로서는 어안이 벙벙했다. 퀴리 부인을 사로잡은 물리학자 폴 랑주뱅은 어떤 인물이었을까.

아인슈타인도 인정한 천재

폴 랑주뱅Paul Langevin(1872~1946)은 1872년 1월 23일 프랑스 파리에서 태어났다. 17세에 물리·화학에콜(현재 ESPCI)에 입학한 랑주뱅은 당시 그곳의 교수로 있던 피에르 퀴리의 애제자가 된다. 그는 영국으로 건너가 전자를 발견한 톰슨 경Sir J. J. Thomson(1856~1940) 밑에서 연구하기도 했고, 귀국해 1902년 소르본대학에서 박사학위를 받았다. 당시 지도교수도 피에르 퀴리였다. 1904년 랑주뱅은 피에르 퀴리의 뒤를 이어 물리·화학에콜 교수가 됐다

랑주뱅은 피에르 퀴리Pierre Curie(1859~1906)와 함께 상자성●과 반자성●에 대해 연구했다. 그는 물질의 자기적 성질, 즉 자성을 원자 속의 전자스핀으로 설명한 장본인이다. 즉 전자는 작은 자석처럼 볼 수 있는데 이를 스핀이라고 부른다. 전자의 스핀이 어떤 방향으로 놓이느냐에 따라 물질의 자성이 결정된다.

랑주뱅은 피에르 퀴리가 발견한 압전효과●를 이용한 초음파 연구로도 유명하다. 피에르 퀴리는 랑주뱅에 대해 "그는 현재 프랑스에서 확실한 최고의 물리학자"라고 말하기도 했다. 1905년 아인슈타인Albert Einstein(1879~1955)이 특수상대성이론을 발표한 뒤로 상대성이론도 열심히 연구했는데, 프랑스에 온 아인슈타인이 이론을 발표할 때 옆에서 보충설명을 했다고 한다. 아인슈타인은 자신보다 일곱 살 연상인 랑주뱅에 대해 "만일 내가 특수상대성이론을 발표하지 않았다면 랑주뱅이 발견했을 것"이라고 말했는데 실제로 랑주뱅은 독립적으로 'E=mc²'을 유도해냈다고 한다.

랑주뱅(왼쪽)은 아인슈타인의 상대성이론을 프랑스에 소개하는 데 열심이었고 아인슈타인은 그를 천재라며 높이 평가했다. 1922년 사진으로 둘 사이의 오랜 우정이 엿보인다.

아인슈타인과의 인연은 여기서 그치지 않는다. '기적의 해'로 불리는 1905년 26세의 아인슈타인은 특수상대성이론과 광전효과*에 대한 논문 외에도 브라운운동*에 대한 논문도 발표했다. 브라운운동이란 물 표면에 있는 꽃가루 같은 작은 입자가 제멋대로 끊임없이 움직이는 현상이다. 아인슈타인은 물 분자의 충돌이 이런 움직임의 원인이라고 가정하고 식을 만들었다.

분자를 이루는 원자가 물리적 실체임을 밝힌 그의 논문은 통계물리 분야의 기념비적인 업적인데도 그 뒤 많이 쓰이지는 않았다. 3년 뒤인 1908년 랑주뱅이 훨씬 간명하면서도 포괄적인 방식으로 브라운운동을 기술한 '랑주뱅 방정식'을 발표했기 때문이다. 오늘날 통계물리 교과서는 랑주뱅 방정식으로 브라운운동을 서술한다.

즉 랑주뱅은 입자(꽃가루)가 받는 힘(뉴턴의 방정식 F=ma[힘=질량×가속도])을 유체분자(물 분자)의 저항력($-\lambda$)과 충돌하는 힘($\eta(t)$)의 합으로 봤다. 이때 유체분자가 입자에 미치는 힘(노이즈)은 확률적으로 표현한다. 최근 복잡계에 대한 연구가 붐을 이루면서 많은 논문에서 랑주뱅 방정식을 인용하고 있다. 미분방정식으로 랑주뱅 방정식을 표현하면 다음과 같다.

$$m(d^2x/dt^2)=-\lambda(dx/dt)+\eta(t),\ d^2x/dt^2=a(가속도),\ dx/dt=v(속도)$$

가정의 불행, 퀴리 부인에게서 위안 얻어

학문에는 뛰어난 랑주뱅이었지만 그의 가정생활은 최악이었다. 스물여섯 살 때 네 살 연하인 잔느^{Jeanne}라는 여인과 결혼했는데 아내뿐 아니라 처가 식구들이 만만치 않은 사람들이었기 때문이다. 남편의 천재성을 이해하지 못했던 아내는 끊임없이 불화를 일으켰고 마침내 시어머니와 아들을 갈라놓았다. 또 장모와 처제 역시 랑주뱅을 못살게 굴었는데, 장모가 던진 철제의자에 맞아 얼굴이 온통 상처투성이가 된 채 출근한 적도 있다고 한다.

이런 와중에 정신적 지주였던 피에르 퀴리가 사망하자 랑주뱅은 절망했고 고질병인 위염은 더욱 악화됐다. 어느 순간부터 랑주뱅은 동료 교수이자 서로에게 가장 소중한 사람을 잃은 퀴리 부인에게 자신의 처지를 한탄하며 위안을 얻게 된다. 퀴리 부인은 랑주뱅 부인과도 잘 알던 사이였지만 아내가 내리친 유리병

랑주뱅과 아내 잔느. 결혼 4년째인 1902년 사진이다.

에 머리를 맞았다는 랑주뱅의 이야기를 들으며 섬세한 감성의 소유자인 프랑스 최고 천재의 불행에 안타까움이 극에 달한다.

퀴리 부인의 친구였던 앙리에트●는 "마리는 랑주뱅의 경이로운 지성을 깊이 알고 있었고 주위 사람들이 그를 전혀 이해하지 못한다는 사실을 안타까워했다"고 말했다. 역시 퀴리 부인의 친구인 소설가 마그리트●는 "랑주뱅이 과학과 문학, 철학에 대해 말할 때 그는 모든 걸 이해하고 있었고 모든 것에 관심이 있었다. 그의 무척이나 아름다운 갈색 눈과 얼굴 전체에서 빛이 났다"고 회상했다.

1910년 여름, 랑주뱅과 그보다 다섯 살 연상인 퀴리 부인은 연인이 돼 있었다. 이들은 파리 근교에 자그만 아파트를 마련해 만났다. 남편 사후에 검은색 복장에 늘 침울했던 퀴리 부인이 밝은 옷을 입고 얼굴에 묘한 활력을 띤다는 걸 발견한 주위 사람들은 의아해했다. 1910년 퀴리 부인이 랑주뱅에게 보낸 편지의 한 구절이다.

"친애하는 폴, 어제 저녁과 밤은 당신과 우리가 함께 보낸 시간들을 생각하며 보냈어요. 지금도 당신의 선량하고 부드러운 눈과 매력적인 미소를 떠올립니다. 당신 존재의 모든 감미로움을 다시 발견할 순간만을 생각하고 있어요."

그러나 밀회는 오래가지 못했다. 남편과 퀴리 부인에게서 뭔가 이상한 낌새를 느낀 부인은 "두 사람이 같이 통근 기차를 타는 일이 많다"며 불평을 하다가 마침내 퀴리 부인에게 보내는 남편의 편지를 가로채는 데 성공했다. 편지를 읽고 극도로 흥분한 부인은 "편지를 공개하겠다"며 남편을 협박했고 "8일 안에 프랑스를 떠나지 않으면 죽여버리겠다"며 퀴리 부인을 위협했다.

결국 이들과 친한 물리학자 장 페랭과 신문사 편집자였던 잔느의 형부 앙리 부르조아의 중재 아래 둘이 다시는 만나지 않는다는 조건으로 사태를 마무리하기로 했다. 그러나 이듬해 봄 잔느의 고용인이 아파트에 몰래 들어가 퀴리 부인이 랑주뱅에게 보낸 편지를 훔쳐온다. 아내와 헤어지는 전략을 알려주는 편지 내용에 격분한 잔느는 즉각 부르조아에게 알렸고 그는 퀴리 부인을 방문한다. 위험을 느낀 퀴리 부인은 이탈리아 제노아에서 열리는 학회 참석을 핑계 삼아 보렐 부부와 함께 도피한다. 당시 마그리트의 회상이다.

"그녀는 떨리는 가냘픈 손으로 내 손을 잡으며 이렇게 말했다. '마그리트, 랑주뱅을 구해줘야 해요. 당신이나 나는 강한 사람들이지만 그는 연약해요. 그는 이해와 따뜻한 보살핌이 필요한 사람입니다.'"

한편 부부 사이의 다툼 끝에 랑주뱅이 아들 둘을 데리고 가출하는 사건이 일어난다. 이들의 소식을 몰라 초조해하던 잔느는 그해 10월 말 벨기에 브뤼셀에서 열린 제1회 솔베이학회에 남편과 퀴리 부인이 초청돼 함께 있다는 사실을 알고 폭발한다.

1911년 벨기에 브뤼셀에서 열린 제1회 솔베이학회에 참석한 과학자들. 퀴리 부인은 테이블에 팔로 괴고 앉아 있고 서 있는 사람들에서 오른쪽 끝이 폴 랑주뱅이다. 바로 옆에 아인슈타인이 보인다(사진 Benjamin Couprie).

퀴리 부인, 노벨화학상 못 받을 뻔해

결국 사건은 터졌다. 일간지 〈르주르날〉의 기자인 페르낭 하우저는 랑주뱅의 장모를 취재하는 형식으로 랑주뱅과 퀴리 부인의 관계를 폭로하는 기사를 11월 4일자에 썼다. 그러나 워낙 부정확한 내용이 많아 다른 신문이 반박 기사를 냈고 4일 뒤 하우저가 사과하며 기사를 철회해 여파가 일단락되는 듯했다.

이때가 마침 스웨덴에서 노벨상 수상자를 선정할 무렵이었는데 화학상 수상자로 내정된 퀴리 부인에 대한 소문이 들리자 위원회는 파리 주재 스웨덴 대사에게 진상을 문의했다. 대사는 오보라고 알렸고, 위원회는 11월 7일 라듐과 폴로늄을 발견한 업적으로 퀴리 부인을 1911년 노벨화학상 수상자로 선정한다고 발표했다. 그러나 정작 파리에서는 퀴리 부인의 편지가 신문사에 떠돌고 있었다. 누구도 선뜻 공개하지는 않았지만 퀴리 부인에 대한 시선은 차가웠다. 노벨상 수상 소식도 이틀이 지나서야 말단 기사로 실렸을 정도다.

이런 와중에 극우 성향의 언론인이었던 구스타브 테리*가 자신의 신문 〈뢰브르〉 11월 23일자에 퀴리 부인의 편지를 공개했고 '단란한 프랑스 가정을 파괴한 외국 여자'인 퀴리 부인에 대한 비난이 높아졌다. 극도로 분노한 랑주뱅은 테리에게 결투를 신청했고 3일 뒤 둘은 만났다. 반대 방향으로 걷다 15미터가 되는 지점에서 몸을 돌린 랑주뱅은 총구를 겨눴지만 상대가 총구를 바닥으로 향한 모습을 보고 총을 내려놓았다. 결국 결투는 총을 회수한 입회인이 하늘을 향해 발사하는 걸로 끝났다. 테리는 당시 행동에 대해 "프랑스 최고 천재를 죽인 사람으로 남고 싶지 않았다"고 썼다.

결국 사건의 진상을 알게 된 스웨덴 노벨위원회는 국왕이 참석하는 시상식 자리에서 불미스런 사태가 일어날 걸 염려해 노벨상을 거절하라는 제안을 담은 편지를 퀴리 부인에게 보낸다. 충격을 받은 퀴리 부인은 오랫동안 고민한 끝에 "상은 과학자의 사생활이 아니라 업적에 주어지는 것"이라며 시상식에 참석한다. 다행히 시상식에서는 우려했던 일이 일어나지 않았다.

그 뒤 스캔들은 가라앉았고 랑주뱅은 아내와 별거하기로 합의했다. 물론 이 사건 이후 랑주뱅과 퀴리 부인의 로맨스도 끝이 났다. 퀴리 부인은 극도의 스트레스로 신장에 병을 얻어 쓰러졌고 그 뒤 2년 동안 고생했다. 이후 퀴리 부인에게서 다시는 삶의 활력을 찾아볼 수 없었다고 한다.

1915년 랑주뱅은 "마리 퀴리는 여전히 나에 대한 애정과 내 슬픔에 대한 동정을 보여준다"며 "그녀의 애정 없이 어떻게 살아야 할지 모르겠다"라고 쓰고 있다. 사실 랑주뱅은 1914년 다시 집으로 들어왔다. 그리고 아들의 회상에 따르면 얼마 뒤 아내의 묵인 아래 비서를 정부情婦로 삼았다고 한다. 만일 랑주뱅이 좋은 여자를 만나 이렇게 삶을 소모하지 않았다면 더 뛰어난 업적을 남겼을지도 모른다.

끝나지 않은 두 가문의 인연

두 사람의 연인 관계는 끝났지만 랑주뱅가家와 퀴리가의 인연
은 끝나지 않았다. 랑주뱅은 퀴리 부인의 첫째 딸 이렌의 박사학
위 지도교수를 맡았고, 그녀의 남편 프레데리크는 1943년 랑주
뱅이 나치를 피해 스위스로 탈출하는 걸 도왔다(퀴리 부인은 1934
년 사망했다). 좌파였던 랑주뱅은 평소 반反나치의 목소리를 높였
기 때문이다. 그 뒤 파리가 수복돼 돌아온 랑주뱅은 1946년 74
세로 사망했다.

랑주뱅과 퀴리 부인의 사랑은 이루어지지 못했지만 그들의 손
자(미셀 랑주뱅)와 손녀(엘렌 졸리오)의 사랑은 결혼으로 결실을 맺
었다고 한다. 정말 소설에나 나올 법한 이야기다.

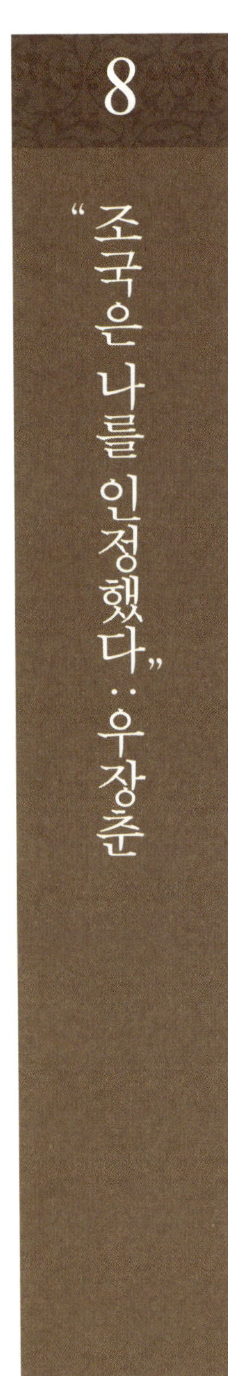

8

"조국은 나를 인정했다" :우장춘

40대의 우장춘 박사. 일본 다키이 종묘회사 초대 농장장으로 근무하던 때다.

유명한 과학자일수록 정작 우리는 그 삶을 제대로 알지 못하는 게 아닐까. 어린 시절 위인전을 읽고 알고 있다고 생각하기 때문이다. 퀴리 부인이나 아인슈타인은 물론 석주명石宙明(1908~1950)●이나 우장춘禹長春(1898~1959) 같은 분들도 그런 예일 것이다. 성인 독자를 대상으로 한 이들의 본격 전기를 읽는 사람은 별로 없는 것 같다.

최근 우장춘 박사에 대해 좀 자세히 알아볼 일이 생겨서 인터넷 서점에서 전기를 검색해봤는데 19권 가운데 한 권을 빼고는 모두 어린이용이었다.[**] 물론 어린이 책이라고 무시하는 건 아니지만 우장춘의 위대함뿐 아니라 안 좋은 면까지, 즉 실체를 파악하기에 '위인전'은 별 도움이 되지 않는다.

그런데 목록 거의 맨 밑에 쓰노다 후사코라는 일본인이 쓴 『조국은 나를 인정했다』라는 책이 눈에 들어왔다. 1992년 번역 출간된 책이라(원서의 제목은 『나의 조국』으로 1990년 출간) 품절이었지만 혹시나 해서 한 대학 도서관을 검색해보니 다행히 소장돼 있었다. 책을 빌려 와 읽었는데 역시 성인용답게 충격적인 내용도 있었다.

명성황후를 암살할 때 가담한 우범선의 아들

1914년 동경에서 태어나 프랑스에서 유학한 쓰노다 후사코는 40대 중반부터 집필을 시작, 주로 전기를 썼는데 1980년대 들어 한일 역사로 관심을 돌려 명성황후 시해 사건을 다룬 『민비암살』을 집필, 1988년 출간해 화제가 됐다. 한국에서 취재 중 명성황후를 암살할 때 가담한 우범선馬範善(조선 훈련대 제2대대장)[**]이 '한국 근대 농업의 아버지' 우장춘 박사의 아버지라는 말을 들었던 쓰노다 여사는 일본에서는 알려지지 않은 우장춘이라는 인물에 관심을 갖는다.

그 뒤 쓰노다 여사는 일본에서는 우 박사의 자녀들[**]과 옛 동료들을 만났고 한국을 수차례 오가며 우장춘 박사를 아는 사람들을 만나며 치밀한 취재를 했다. 그리고 1990년 76세의 나이에

이 책을 출간했다. 쓰노다 여사가 우장춘에 관심을 둔 가장 큰 이유는 일본에서 태어나 50년을 넘게 산 한일 혼혈아가 어떻게 가족을 남겨두고 말도 통하지 않는 한국에 혼자 갈 생각을 했느냐는 점이다.** 아버지의 행위에 대한 속죄였을까, 아니면 일본에서는 더 이상 희망이 없어서였을까**, 아니면 우리가 위인전에서 읽었듯이 피폐해진 조국(한국)을 도우려는 애국심의 발로였을까.

저자는 책 끝부분에서 나름대로 결론을 내리고 있지만 그 과정에서 여러 추측을 하고 취재를 통해 하나하나 확인하는 집념은 정말 대단했다. 자신이 여성이어서인지 쓰노다 여사는 우 박사의 아내인 고하루 여사에 대해서도 상세히 소개하고 있는데 특히 두 사람이 결혼할 때 신부 부모가 끝까지 반대해(혼혈아와 하는 결혼이라서) 고하루 여사는 결국 부모와 의절까지 했다고 한다.

결혼을 앞두고 우장춘은 장차 태어날 자녀들의 성 문제에 대한 조언을 받아들여 부모와 의절한 고하루 여사가 지인인 스나가 호헤이 씨의 양녀로 입양된 뒤 데릴사위가 되는 형식으로 성을 스나가로 바꾼다. 우장춘의 자녀들의 성이 스나가인 이유다. 그런데도 우 박사 자신은 원래 성을 계속 썼다. 그는 논문에 영

문으로 자신의 이름을 'Nagaharu U'라고 썼는데 나가하루는
長春(장춘)을 뜻하는 일본말이고 U는 禹(우)의 한국어 음이다. 자
신의 정체성과 자녀들의 정체성에 선을 그은 것일까.

1950년 한국에 온 우 박사는 한국전쟁 발발 등 열악한 환경에
서도 혼신의 노력을 다해 한국의 농업을 일으키는 데 큰 역할을
한다. 일본에 전량 의존했던 배추와 무의 종자를 대량생산하는
데 성공했고 벼와 감자에 대한 연구도 진행했다. 제주도에 귤을
대량 재배하자는 것도 우 박사의 아이디어다. 우 박사는 1959년
위와 십이지장궤양 수술 후유증으로 타계했는데 거슬러 올라가
면 과로가 주요 원인일 것이다.

한편 고하루 여사는 1950년 우 박사가 혼자 한국으로 간 뒤 어
렵게 자녀들을 키우면서 자녀들이 장성한 뒤 한국으로 갈 계획
이었다. 그런데 우 박사는 한국에 간 지 수년 뒤 현지처를 두고
두 집 살림을 했다고 한다. 고하루 여사는 이 사실을 알고도 아
픔을 삭이고 자녀들 뒷바라지에 최선을 다했고 1959년 우 박사
가 위독하자 서울에 와서 임종을 지켰다.

뉴질랜드 학자를 한국으로 이끈 우장춘의 〈종의 합성〉

사실 위대한 과학자가 다른 모든 면에서도 모범이 된다는 건
어린이용 위인전에나 나오는 얘기다. 사람은 누구나 장점과 단
점이 있지 않을까. 그러나 학문과 일의 측면에서는 우장춘 박사
는 진정 위대했다는 것이 쓰노다 여사의 책에서도 줄곧 강조되
고 있다.

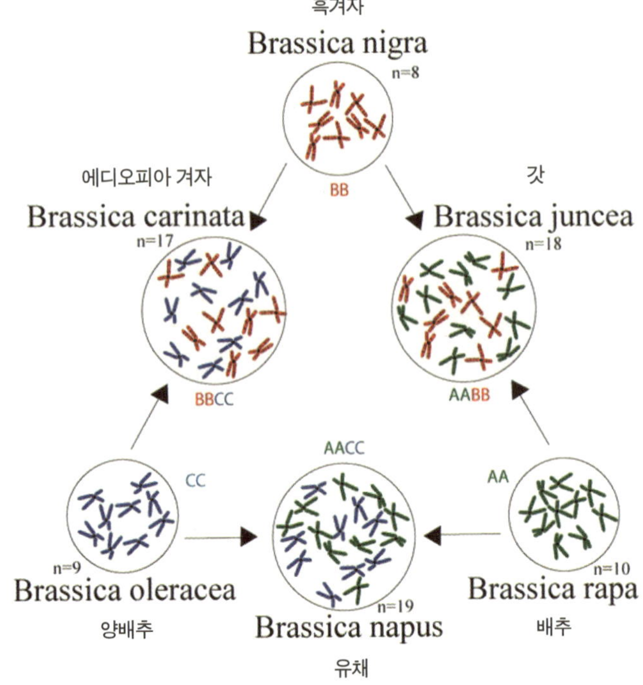

우장춘의 삼각형(Triangle of U). 우장춘 박사는 십자화과 배추속에 속하는 배추와 양배추를 교배해 얻은 식물체가 유채와 같음을 증명하고 이 현상을 '종의 합성' 이라고 이름 지었다. 그 뒤 배추속 식물 6종의 연관성이 밝혀졌는데 이를 도식화한 것이 우장춘의 삼각형이다. 원 안은 염색체로 녹색은 배추, 파란색은 양배추, 빨간색은 흑겨자의 염색체다. n은 염색체의 수.

책에는 워낙 많은 에피소드가 나오지만 그 가운데 인상적인 장면 하나만 소개한다. 우 박사는 말년에 감자에 관심을 가져 대관령에 씨감자 시험지를 두고 막 시험 재배를 시작하던 중 사망했다. 훗날 이곳의 책임자가 된 최정일 박사는 1968년 뉴질랜드 링컨대학 육종학연구실 팔머 교수를 방문했다. 팔머 교수는 "한국의 우 박사를 아느냐?"고 묻고는 "영국 옥스퍼드대학 육종학교실에서 선정한 우수 논문 10편 가운데 가장 관심 있게 읽은 게

우 박사의 1935년 〈종의 합성〉 논문이었다"고 말했다. 최 박사가 자신이 우 박사의 제자라고 밝히자 팔머 교수는 깜짝 놀라며 그를 대하는 태도가 바뀌었다.

종의 합성이란 십자화과 배추속*Brassica* 식물인 유채가 사실은 배추와 양배추의 잡종임을 밝힌 논문에서 우 박사가 사용한 용어다. 서로 다른 종이 교배해 새로운 종이 나온다는 이 현상의 발견은 육종학 분야에서 큰 사건이었다. 그해 9월 일본 동경에서 열린 학회에 참석한 팔머 교수는 최 박사에게 연락해 한국에 와 우 박사의 묘지를 참배하고 돌아갔다고 한다.

우장춘 박사에 대한 자료나 증언이 얼마나 잘 보존돼 있는지는 모르겠지만 '한국 근대 농업의 아버지'에 대한 본격 전기가 일본인이 쓴 것밖에 없다는 사실에 씁쓸했다.[**] 우리 저술가 가운데 우 박사를 기억하는 사람들이 사라지기 전에 그의 삶을 복원하려고 노력한 사람이 아무도 없다는 말인가. 1980년대 후반 수년에 걸친 한 일본 작가의 노력 덕분에 그나마 우 박사에 대해 많은 사실이 기록된 것이 다행이다. 쓰노다 여사는 2010년 96세를 일기로 타계했다.

매일 우물 청소하며 어머니 기려

1953년 어머니가 위독하다는 연락을 받고 우 박사는 출국 허가를 신청했지만 정부는 (우박사가 돌아오지 않을 것을 염려해) 끝까지 외면해 결국 어머니의 임종을 보지 못했다. 이때 우 박사는 "이것이 모든 것을 버리고 한국을 위해서 봉사해온 나에 대한 대

[**] 도서관엔 그의 제자 김태욱이 쓴 『인간 우장춘』(1985년)이 있다.

우란 말인가!"라고 절규했다고 한다. 이때 들어온 조의금으로 우 박사는 우물을 파고 '자유천慈乳泉'이라고 명명했다. '자애스러운 어머니의 젖'이라는 뜻이다. 그 뒤 그는 아침마다 우물 주변을 청소하며 하루를 시작했다고 한다.

1959년 우 박사가 위독해지자 정부는 부랴부랴 대한민국 문화포장을 수여키로 하고 농림부장관 이근식이 병원을 찾아 수여식을 거행했다. 우 박사는 "고맙다…… 조국은…… 나를 인정했다"고 말하며 눈물을 흘렸다. 그리고 3일 뒤인 8월 10일 오전 3시 10분 아내 고하루가 지켜보는 가운데 우장춘은 숨을 거뒀다. 해방 전후 극도의 혼란 속에서 굶주리고 있던 한민족에게 작물의 씨앗과 희망의 씨앗을 동시에 안겨준 우장춘 박사는 진정 위대한 한국인이 아닐까.

과학자들의 경우 인상적인 러브 스토리를 좀처럼 떠올리기 어렵다. 그런 드문 예가 리처드 파인만^{Richard Phillips Feynman}(1918~1988)과 그의 첫 아내 알린^{Arline}(1920~1945)의 슬픈 사랑이 아닐까. 미국의 천재 물리학자 리처드 파인만은 노벨상을 받은 업적과 함께 다채로운 에피소드로 아인슈타인만큼이나 유명한 과학자다. 1988년 사망한 이후 그에 대한 책이 쏟아져 나왔고 국내에도 많이 소개됐다.

1960년대 초 파인만이 칼텍(캘리포니아공대)에서 한 강의를 기반으로 집필한 『파인만의 물리학 강의』는 물리학 교과서 가운데 가장 유명한 책이 됐고 3권 모두 한국어판이 나와 있다. 파인만 하면 개구쟁이처럼 신나는 표정으로 봉고를 두드리는 사진이나 세례를 주는 사제처럼 양 팔을 벌린 채 강의하는 모습이 떠오를

봉고를 두드리는 파인만

것이다. 물리학자 파인만이 대중에게 어필할 수 있었던 데는 이런 장면이 큰 역할을 했다. 그러나 파인만의 이런 쾌활함이나 카리스마 뒤에는 젊은 시절 겪은 사랑의 아픔이 새겨 있다.

맨해튼 프로젝트 참여로 인생 바뀌어

파인만의 삶에 대해 조금 알게 된 건 1994년 『No ordinary genius』란 제목의 책을 우연히 구해 읽으면서다. '보통이 아닌 천재'나 '천재 중의 천재' 정도로 번역할 만한데 크리스토퍼 시케스Christopher Sykes라는 다큐멘터리 제작자가 편집한 책이다. 시케스는 파인만의 삶을 다룬 다큐멘터리 두 편을 제작했는데 이 과정에서 많은 자료를 수집했다. 'the illustrated Richard Feynman(삽화로 보는 리처드 파인만)'이라는 부제가 알려주듯 책 속에는 다채로운 자료 사진이 가득하다. 또 시케스가 글을 쓴 게 아니라 파인만을 비롯해 주변 사람들의 글이 번갈아 편집돼 기록된 독특한 구성이다. 아쉽게도 이 책은 우리글로 번역이 안 된 것 같다.

파인만이 유명해진 뒤 모습을 담은 사진을 볼 때면 이 책에서 본 젊은 시절 파인만을 담은 사진 한 장이 떠오르곤 했다. 1942년 프린스턴대학에서 박사학위를 마칠 무렵 파인만은 맨해튼 프로젝트Manhattan Project●에 참여하라는 제안을 받는다. 당시 스물네

맨해튼 프로젝트 제2차 세계대전 동안 미국이 영국과 캐나다의 협조 아래 수행한 인류 최초의 핵무기 개발 계획의 암호명이다. 맨해튼 프로젝트는 인류에게 핵무기의 시대를 열어주었다.

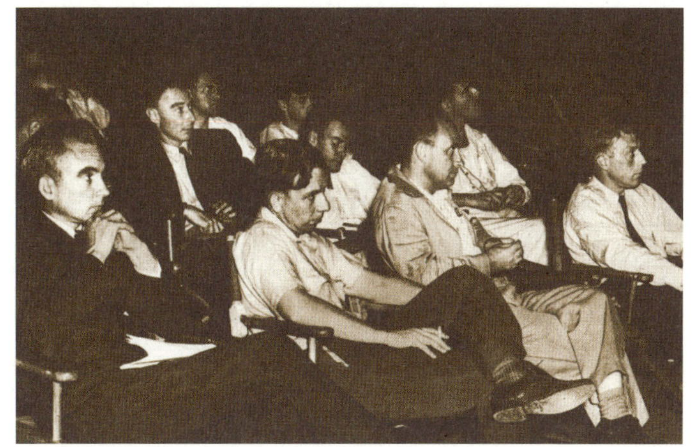

살로 물리학에 대한 열정에 불타던 그는 학문을 계속할지 나치와 의 원자탄 개발 경쟁에 힘을 보태야 할지 고민하다 결국 후자를 택한다.

사진은 1942년 12월 맨해튼 프로젝트 기지가 있는 로스앨러모스Los Alamos에 모인 과학자들이 누군가의 발표를 경청하는 모습이다. 두 번째 줄 왼쪽에 프로젝트를 이끈 로버트 오펜하이머Julius Robert Oppenheimer(1904~1967)*가 보이고 그 오른쪽 옆에 입술을 꼭 다물고 뭔가를 적고 있는 파인만이 있다. 앞줄 오른쪽에서 두 번째에는 전설적인 물리학자 엔리코 페르미가 보인다.

오펜하이머는 당시 38세로 거대 프로젝트의 책임자로는 젊은 편이었지만 천체물리학에서 핵물리학까지 광범위한 분야를 섭렵한 물리학의 대가였다. 이런 사람이 막 박사학위를 받은 신참 물리학자와 나란히 앉아 있는 모습이 무척 신선했다. 또 대가 옆에서도 전혀 주눅이 들지 않고 '뭔가를 해보겠다'는 표정이 역력한 파인만의 진지한 모습이 인상적이다.

로버트 오펜하이머 미국의 이론물리학자이다. 하버드 대학교를 졸업한 후 영국과 독일에서 유학하였다. 제2차 세계대전 중에 로스앨러모스연구소 소장이 되어 여러 학자들과 함께 원자폭탄을 만들기 위한 맨해튼 프로젝트를 수행하였다. 1950년 수소폭탄 제조에 반대하였다가 모든 공직에서 쫓겨났다.

"내가 로스앨러모스에 도착했을 때, 난 그동안 말로만 듣던 유명한 과학자들을 모두 만났고, 그건 내게 엄청난 기쁨이었다."

인류를 위해 지적 호기심을 희생한다는 심정으로 맨해튼 프로젝트에 참가한 파인만은 이들을 만나는 순간 자신이 얼마나 큰 행운을 붙잡았는지 깨달았다. 더욱 놀라운 건 로스앨러모스의 분위기였다. 파인만의 말을 좀 더 들어보자.

"로스앨러모스는 너무나 민주적이었다. 우리는 오펜하이머의 사무실에서 모임을 가졌는데 누구나 아무에게나 말을 걸 수 있었고 우리가 우리 자리를 알아야 할 그런 위계질서 따위는 없었다. (중략) 오펜하이머는 심오한 사람이었다. 그는 모두가 하고 있는 모든 일들을 이해할 수 있었다. 우리는 기술적인 모든 사항을 얘기할 수 있었는데 그가 그 모든 걸 이해하고 있었기 때문이다. 그는 사실들을 요약하고 결론을 내리는 데 능했다. 우리는 저녁을 먹으러 그의 집에 자주 가곤했다. 놀라운 사람, 나는 그렇게 생각했다."

파인만에게 또 다른 행운은 역시 이미 유명했던 코넬대학의 물리학자 한스 베테Hans Albrecht Bethe(1906~2005)가 파인만을 대화 파트너로 찍었다는 사실이다. 베테는 기발한 생각이 떠오를 때마다 파인만을 찾아가 의견을 구했는데 "아니에요, 아니에요! 헛소리 마세요!"같이 파인만이 격렬하게 반대할수록 더 좋아했다고 한다.

한스 베테 미국의 물리학자이다. 오펜하이머가 로스앨러모스에 연구소를 열었을 때, 베테는 이론 부분의 감독으로 임명된다. 해리 트루먼 대통령이 제2차 세계대전이 끝난 후 수소 폭탄 개발 계획을 선언했지만 반대했다. 그러나 한국전쟁이 발발하자 이 계획에 참가해 수소 폭탄 개발에 중요한 역할을 했다. 그는 계획이 끝날 때까지 관여하였지만, 개인적으로는 수소 폭탄 제조가 이루어지지 않기를 바랐다.

파인만은 물리적 직관뿐 아니라 수학 실력도 워낙 뛰어났기 때문에 (파인만이 로스앨러모스에서 한 일은 어떤 설계가 타당한지 수치적으로 검토하는 일이었다. 당시는 컴퓨터가 막 만들어지던 때라 사람이 계산해서 시뮬레이션을 한 셈인데, 그의 팀을 "인간 컴퓨터가 비인간적인 속도로 작업을 했다"고 평가했다고 한다!) 베테는 그를 팀장으로 발탁했고 프로젝트가 끝난 뒤 코넬대학으로 데리고 갔다. 그곳에서 파인만은 양자전기역학QED* 이론을 완성해 1965년 노벨물리학상을 받았다. 맨해튼 프로젝트가 그의 인생을 바꾼 셈이다.

결핵으로 첫 아내 잃어

파인만은 열다섯 살 때 한 파티에서 그보다 두 살 어린 소녀를 만났는데, 그녀가 그의 첫 아내인 알린이다. 둘은 그 뒤 죽 사귀었고 파인만이 대학(MIT)에 들어가 집에 없을 때도 알린이 찾아와 한 식구처럼 지냈다고 한다. 그런데 어느 날 목이 부어 병원을 찾아갔는데 결핵이란 진단을 받았다. 당시 결핵은 심각한 병이었기 때문에 이 사실을 알고 파인만이 알린과 결혼을 서두르려고 하자 어머니가 반대했다고 한다.

파인만은 알린을 뉴저지에 있는 병원으로 데려가는 길에 결혼식을 올렸고 새 신부는 바로 요양소에 들어갔다. 파인만이 로스앨러모스로 갔을 때 그의 사정을 안 오펜하이머가 그곳에서 160킬로미터 떨어져 있는 앨버커키의 요양소로 아내를 옮기도록 조치해줬다. 파인만은 주말이면 요양소를 방문했다. 1944년 요양소에서 누군가가 찍은, 초점이 맞지 않은 사진 한 장은 파인만

양자전기역학 양자역학에 아인슈타인의 특수상대성이론을 결합한 이론으로 빛과 물질이 상호작용하는 과정을 잘 설명할 수 있다. 영국의 물리학자 폴 디랙이 처음 두 이론의 결합을 시도했으며 그 뒤 파인만과 토모나가 신이치로, 줄리언 슈빙거가 이론을 다듬었다. 세 사람은 이 업적으로 1965년 노벨물리학상을 받았다.

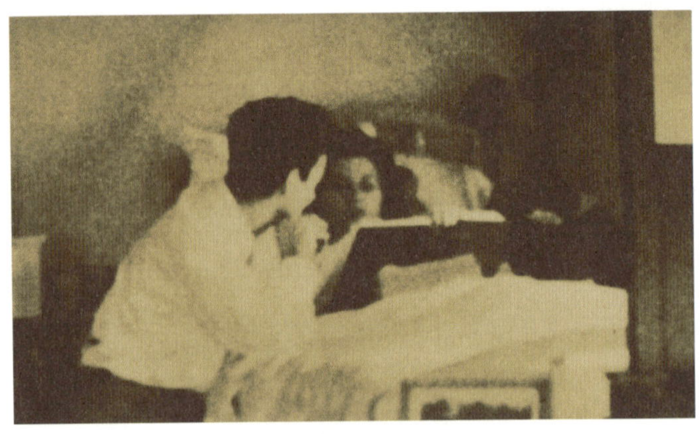

1944년 앨버커키의 요양소에서 파인만 부부. 아내 알린은 이듬해 결핵이 심해져 결국 사망했다. 출처: 칼 파인만(파인만의 아들)

부부의 모습이다. 침대에 누운 채 책을 읽고 있는 알린 곁에서 파인만은 그녀의 한 손을 두 손으로 꼭 잡고 아내를 응시하고 있다. 안타깝게도 알린은 이듬해 사망했다.

아내가 죽은 지 만 2년이 더 지난 1947년 10월 파인만이 아내에게 쓴 편지를 보면 그의 슬픔이 삶에 얼마나 깊은 그늘을 드리웠는지 짐작할 수 있다.

"난 여러 여자를 만났고 그중에는 함께 있고 싶은 멋진 아가씨들도 있었지. 하지만 두세 번 만나면 다들 재가 돼 사라지는 것 같아. 내게는 당신만이 남아 있지. 당신만이 진짜야.

(중략)

추신. 이 편지를 부치지 못한 걸 용서해줘. 하지만 난 당신의 새 주소를 알지 못하는 걸."

편지로 인생이 바뀐 두 인도 과학자, 보스(왼쪽)와 라마누잔(오른쪽). 인도의 물리학자 사티엔드라 보스는 27세 때 자신의 연구 결과를 담은 편지를 아인슈타인에게 보내 저명한 저널에 발표하게 되면서 유럽에서 연구할 기회까지 얻었다. 오른쪽은 인도의 천재 수학자 라마누잔이 1919년 32세 때 인도로 귀국할 때 찍은 여권 사진. 병색이 느껴지지만 눈빛이 예사롭지 않다.

수학에 신들린 남자 : 스리니바사 라마누잔

사티엔드라 보스와 스리니바사 라마누잔은 인도가 자랑하는 과학자들이다. 두 과학자는 편지로 인생이 바뀐 대표적인 예이기도 하다. 그러나 두 사람의 달라진 인생은 매우 대조적이다. 아인슈타인에게 편지를 보낸 보스는 후에 '보손'이란 입자에 자신의 이름을 남길 만큼 양자역학의 공로자가 되었다. 수학자 하디에게 편지를 보낸 라마누잔은 세른세 살의 나이에 요절하는 비극을 맞게 된다. 이 두 사람에게는 과연 어떤 사연이 녹아 있을까.

양자이론 탄생의 주역이 된, 보스

20세기 초 인도는 영국의 식민지를 벗어나지 못한 채 과학계 역시 낙후돼 있었다. 이런 와중에서도 천재는 태어나기 마련이고 이들은 자신의 능력을 당시 과학계의 주류인 유럽에 알리기 위해 고심했다. 이런 방법 가운데 하나가 저명한 과학자에게 논문(또는 연구 결과)을 동봉한 편지를 보내는 것이다. 얼마나 많은 사람들이 이 방법을 썼는지 모르지만 아래 두 사람은 그 결과 인생이 바뀌었다.

먼저 물리학자 사티엔드라 보스^{Satyendra Nath Bose}(1894~1974)의 삶을 들여다보자. 대학에서 물리학을 전공한 뒤 다카대학에서 강사로 있던 그는 1923년 특이한 발견을 했다. 유명한 플랑크의 복사공식[•]을 새로운 입자통계이론으로 유도해낸 것이다. 보스는 광자(빛)의 경우 에너지가 같을 경우 두 입자를 구분할 수 없다고 가정하고 이론을 펴 플랑크와 똑같은 결론에 이른 것이다. 비유하자면 이 통계이론을 따르는 동전 두 개를 던져 앞면이 하나, 뒷면이 하나 나올 확률은 2분의 1이 아니라 3분의 1이다. (앞, 앞), (앞, 뒤), (뒤, 앞), (뒤, 뒤)에서 '(앞, 뒤), (뒤, 앞)'이 구분이 안 돼 한 가능성으로 나타나기 때문이다.

보스는 논문을 써 제출했지만 게재가 거절되자 1924년 초 당시 최고의 물리학자였던 아인슈타인에게 편지와 함께 논문을 보냈다. 아인슈타인도 논문을 제대로 이해하지 못했지만 '너무 아름다운 이론이었기 때문에' 여기엔 뭔가가 있다고 확신하고 자신이 직접 영어로 쓰인 논문을 독일어로 번역해 저명한 저널인 〈물리학시보〉에 실었다.

보스의 가설이 인정되면서 1924년 11월 보스는 유럽으로 초대돼 1년은 퀴리 부인과, 1년은 아인슈타인과 공동으로 연구를 진행했다. 보스와 아인슈타인은 함께 가설을 다듬어 오늘날 '보스-아인슈타인 통계'[*]로 불리는 양자이론으로 완성했다. 1926년 인도로 돌아간 보스는 박사학위는 없었지만 아인슈타인의 추천으로 다카대학의 교수가 됐다. 얼마 뒤 영국의 천재 물리학자 폴 디랙[**]은 광자처럼 보스-아인슈타인 통계를 따르는 입자를, 최초의 발견자 보스를 기려 '보손[boson]'이라고 명명했다. 무명의 대학강사로 남을 뻔한 인도 물리학자의 인생 역전기인 셈이다.

수학에 빠져 대학 제적된 라마누잔

반면에 스리니바사 라마누잔[Srinivasa Ramanujan](1887~1920)은 편지가 화근이 돼 서른세 살에 요절하는 비극을 맞은 인물이다. 10여 년 전 우연히 그의 전기 『수학이 나를 불렀다』(로버트 카니겔 지음)를 읽었는데 이게 진짜인가 싶을 정도로 드라마틱한 이야기였다.

남인도 태생인 라마누잔은 가정 형편은 어려웠지만 어릴 때부터 수학에 천부적인 재능을 보여 1904년 장학생으로 대학에 입학했다. 그러나 수학에만 너무 심취해 다른 과목을 무시하다 결국 제적당하고 홀로 수학 연구에 몰두, 그 유명한 〈노트〉(경이로운 수식들로 꽉 찬 수학 노트)를 만들어 여기저기 후원자를 찾아다녔다. 그가 원한 건 '수학에 몰두할 수 있게' 직업을 갖게 해달라는 것.

아마추어 수학자이기도 한 라마찬드라 라오라는 고위공무원의 도움으로 '한직'인 항구의 회계원으로 취직한 라마누잔은 상사의 묵인 아래 업무 시간 대부분을 수학 연구를 하며 보냈고 1911년 인도수학회의 학회지에 첫 논문을 게재했다. 그러나 당

보스-아인슈타인 통계 광자처럼 서로 구분할 수 없어 겹쳐질 수 있는 입자들의 무리가 보이는 현상을 설명하는 양자통계이론이다. 참고로 이와 대비되는 통계가 전자 같은 입자에서 관찰되는 '페르미-디랙 통계'다. 이 통계에 따르는 입자는 서로 구분이 돼 겹쳐질 수 없다. 양자이론은 20세기 등장한 물리이론으로 원자나 분자의 세계에서 일어나는 현상을 잘 설명한다.

[**] 2. 아인슈타인과 디랙, 파울리, 뉴트리노 참조.

라마누잔의 〈노트〉의 한 페이지. 그의 〈노트〉는 아직까지도 연구 대상이라고 한다.

헨리 베이커 영국의 저명한 수학자로 대수기하학, 편미분방정식 분야에 기여했다. 1888년부터 90세에 사망할 때까지 무려 68년 동안 케임브리지대학에 머물렀다.

어니스트 홉슨 영국의 수학자로 정수론에 공헌했다. 1910년부터 1931년까지 케임브리지대학 교수로 봉직했다. 하디는 그를 높이 평가했다.

『어느 수학자의 변명』 그리스 철학자 플라톤의 『소크라테스의 변명』에서 따온 제목의 이 책에서 하디는 수학자가 할 일급의 일은 창조적인 일이라며 수학자가 수학에 대해 글을 쓰는 건 우울한 경험이었다고 말한다. 그러나 책 내용은 순수 수학의 아름다움을 그림이나 시에 비교하며 찬양하는 글로 명료하면서도 자부심이 느껴진다.

시 인도 수학자들은 그의 논문을 제대로 이해하지 못했고 그의 천재성이 빛을 보려면 영국으로 가야 한다며 저명한 수학자에게 편지를 써보라고 권했다.

헨리 베이커Henry Baker(1866~1956)와 어니스트 홉슨Ernest Hobson(1856~1933) 같은 당대 유명 수학자에게 편지를 보냈지만 거절당한 라마누잔은 1913년 케임브리지 트리니티대학의 떠오르는 수학자 고드프리 해럴드 하디Godfrey Harold Hardy(1877~1947)에게 희망을 걸었고 마침내 '도움'의 손길을 받았다. 로버트 레드포드가 연상되는 미남자 하디는 당시 서른여섯이었지만 이미 영국 수학계를 좌우하는 뛰어난 수학자였다. "창조적인 일은 하루 4시간이 한계"라며 아침 9시부터 오후 1시까지만 연구를 하고 오후에는 크리켓이나 테니스로 소일했다. 하디는 나이 들어 자신이 더 이상 창조적인 결과를 내지 못하자 이를 슬퍼하며 63세 때 짤막한 책을 썼는데 이 책이 바로 그 유명한 『어느 수학자의 변명A Mathematician's Apology』이다.

다시 라마누잔으로 돌아가서 아래는 그가 하디에게 쓴 편지의 서두다.

"선생님께, 제 소개를 하겠습니다. 저는 연봉 20프랑을 받으며 마드라스에 있는 트러스트 항 사무소 회계과에서 일하고 있는 23세의 사무원입니다. (중략) 일반적으로 발산하는 급수에 대하여 특별히 연구했으며, 제가 얻은 결과를 이 지역 수학자들은 '놀라운 것'이라고 말하고 있습니다."

출근해 이렇게 시작하는 라마누잔의 편지와 동봉한 논문을 본 하디는 처음엔 무시하고 자신의 일과를 시작했지만 하루 종일 편지에 '현혹'돼 결국 저녁에 다시 편지를 집어 들고 말았다. 하디는 동료 수학자인 존 리틀우드John Littlewood(1885~1977)와 상의한 끝에 '천재 아니면 대단한 사기꾼'일 이 인도 청년을 케임브리지로 데려오기로 결정한다.

20세기 초 영국을 대표하는 수학자였던 고드프리 해럴드 하디. 하디는 라마누잔과 함께한 5년이 자신의 인생에서 "가장 아름다운 시절이었다"고 회고했다.

1729의 수학적 의미는?

1914년 3월 17일 우여곡절 끝에 스물일곱의 라마누잔은 2년 일정으로 영국으로 향한 항해에 올랐다. 당시 열다섯인 어린 아

존 리틀우드 영국의 수학자로 해석학 분야에서 많은 업적을 남겼다. 특히 하디와의 오랜 공동연구로 유명한데 덴마크의 물리학자 닐스 보어는 다음과 같은 농담을 전하기도 했다. "오늘날 영국에는 위대한 수학자가 세 사람 있다. 하디와 리틀우드, 하디-리틀우드가 그들이다."

레온하르트 오일러 스위스의 수학자, 물리학자. 미적분학, 대수학, 기하학 등 광범위한 수학 분야에서 탁월한 업적을 남겼다. 말년에는 시력을 잃었지만 기억력에 의존해 연구를 계속했다. 인류 역사상 가장 위대한 수학자 가운데 한 사람이다.

칼 야코비 독일의 수학자로 1827년부터 쾨니히스베르크 대학에서 교수로 일했다. 타원함수, 시타함수 등을 연구하여 수리물리학 분야에 큰 업적을 남겼고 뛰어난 수학교육자로도 유명했다. 47세 때 천연두에 걸려 사망했다.

내 자나키는 인도에 남겨두고 혼자였다. 4월 14일 영국에 도착한 라마누잔은 케임브리지에서 하디, 리틀우드와 함께 연구를 시작했다. 라마누잔은 옛날 책을 갖고 독학으로 수학을 공부했기 때문에 당시 현대 수학에 대해 사실상 전혀 모르고 있었고 엄밀한 증명이라는 과정도 생소했다.

하디 역시 라마누잔의 〈노트〉를 보고 경악했는데 도무지 어떻게 해서 이런 수많은 수식을 끌어낼 수 있었는지 불가사의했다. 하디는 무려 7년간 라마누잔의 〈노트〉를 분석하고도 내용 대부분이 여전히 증명을 기다리고 있다고 토로했다. 실제로 여러 수학자들이 수십 년에 걸쳐 라마누잔의 〈노트〉를 연구해 수많은 논문을 발표했다.

하디는 "나는 그와 동등한 사람을 만난 적이 없다. 오직 오일러Leonhard Euler(1707~1783)*나 야코비Karl Jacobi(1804~1851)*와 견줄 수 있을 뿐이다"라며 라마누잔을 높이 평가했다. 라마누잔의 아이디어와 하디, 리틀우드의 지식이 결합돼 성과가 나오기 시작할 무렵 제1차 세계대전이 터졌다. 리틀우드를 비롯해 많은 사람들이 징집됐고 대학도 야전병원이 됐다.

이때부터 라마누잔의 삶에 그림자가 드리우기 시작했다. 독실한 힌두교도인 그는 채식주의자였는데 전쟁으로 물자가 부족해지면서 영양 상태가 악화되기 시작했다. 또 영국의 으스스한 추위는 연중 따뜻한 남인도에서 온 그로서는 견디기 힘들었다. 그런데도 그를 더 붙잡아두려는 하디의 의도와 전쟁 상황이 맞물려 라마누잔은 2년이 지난 뒤에도 영국에 머물게 된다.

리틀우드가 떠나자 하디는 라마누잔과의 공동연구에 더 집중했고 라마누잔은 그런 하디의 기대를 저버리지 않기 위해 삶의 모든 에너지를 수학 연구에 쏟아부었다. 그러나 너무나 규칙적인 생활을 한 하디와는 달리 라마누잔은 30시간 동안 연구를 하고 20시간을 자는 식의 극단적으로 불규칙한 나날을 보냈다.

1917년 결국 라마누잔의 몸은 무너졌고 하디는 인도에 "라마누잔이 불치병으로 보이는 병을 앓고 있다"고 알렸다. 당시에는 치명적인 질병이었던 폐결핵에 걸린 것이다. 라마누잔은 요양원에 머무르면서 수학 연구를 제대로 하지 못하게 돼 미안하다고 하디에게 사과하곤 했다. 라마누잔이 사망한 뒤 하디는 "우리가 알고 싶어 했던 것, 매우 쉽게 알아낼 수 있던 것들이 널려 있었기 때문에" 라마누잔의 심신 상태에 대해 숙고할 여유가 없었다고 털어놓았다.

그러나 라마누잔을 위한 하디의 노력은 사실 대단했다. 하디는 버트런드 러셀Bertrand Russell(1872~1970)●, 앨프리드 화이트헤드Alfred North Whitehead(1861~1947)● 등 당대 최고 수학자들을 동원해 라마누잔을 영국학술원 회원으로 만들기 위해 노력했다. 당시 영국학술원 회원은 464명에 불과했다. 원래 하디는 이런 헛된 명성을 추구하는 사람은 아니었지만(그 자신이 33세에 회원이 됐다), 병색이 깊은 라마누잔에게 힘을 주기 위해 "이 일은 그에게 자신이 성공했으며, 계속 노력할 만한 가치가 있다고 느끼게 할 것입니다"라고 학술원 원장에게 간청했다. 마침내 1918년 만 30세인 라마누잔은 영국학술원 회원으로 선출됐고, 이 소식에 인도는 전율했다.

영국에 머무른 5년 동안 라마누잔은 20여 편의 논문을 냈다. 수학자들도 경악한 그의 연구 내용을 우리 같은 보통 사람들이 이해할 수는 없을 것이다. 다만 다음의 유명한 에피소드로 그의 능력을 짐작할 뿐이다. 어느 날 요양원을 찾은 하디가 "좀 전에 타고 온 택시 번호가 1729였는데 따분한 숫자 같네"라고 말하자 라마누잔은 즉시 "아닙니다, 선생님. 1729는 두 가지 방법으로 두 세제곱의 합으로 나타낼 수 있는 가장 작은 숫자이거든요"라고 대답했다. 즉 $1729=1^3+12^3=9^3+10^3$이다.

1919년 3월 27일 귀국한 라마누잔은 며칠 뒤 마드라스에 도착했는데 마중 나온 라마찬드라 라오는 "열차에서 내리는 라마누잔에게서 나는 최후를 보았다"라고 회고했다. 라마누잔은 바로 대학교수직을 제의받았지만 건강을 되찾으면 수락하겠다고 말했다. 많은 사람들이 '인도의 영웅'을 보려고 몰려들었고 결국 그는 한적한 곳으로 거처를 옮기게 된다.

라마누잔은 결핵으로 죽어가면서도 연구를 계속하며 진척 사항을 하디에게 편지로 알렸다. 그의 아내는 "누구와도 얘기하려 하지 않았다. 언제나 수학이었다. 죽기 나흘 전에도 쓰고 있었다"고 회상했다. 1920년 4월 20일 라마누잔은 영면했다.

II

의학을 배우면서까지 생명을 이해하려 했던 과학철학자 : 조르주 캉길렘

미국 크레이그 벤터 연구소가 과학학술지 〈사이언스〉(2010년 7월 2일자)에 발표한 '인공생명체'에 대한 연구 논문이 많은 논란이 되고 있다. A라는 박테리아의 게놈을 통째로 합성한 뒤 게놈을 드러낸 B라는 박테리아에 집어넣었더니 박테리아가 죽지 않고 살았을 뿐 아니라 A의 특성을 띠었다는 이야기다. 물론 이 박테리아는 엄밀히 말해서 '인공생명체'는 아니다. 논문의 제목도 「화학적으로 합성된 게놈이 조절하는 박테리아 세포 창조」다. 진정한 인공생명체라면 인공 게놈이 생명체를 이루는 생체분자들의 수프soup에서 자기조직화로 세포를 구성해 생명체로 탄생해야

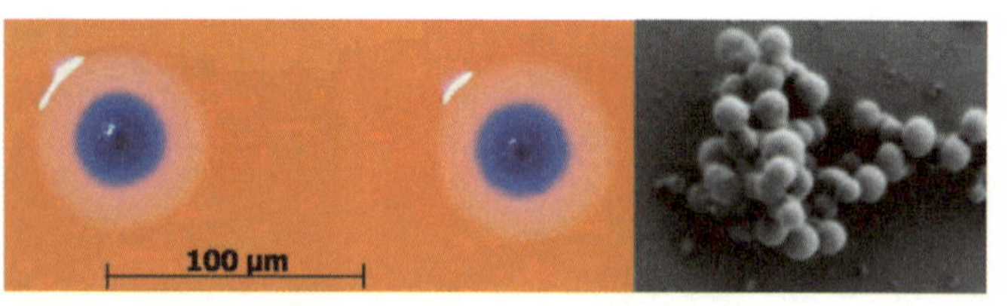

인공 게놈이 들어간 박테리아가 살아남아 번식해 군집(콜로니)을 형성한 모습(왼쪽 사진의 파란 부분). 이 콜로니를 현미경으로 확대해보면 박테리아가 뭉쳐져 있는 모습이 보인다(오른쪽). 물리-화학적 법칙은 여전히 생물의 본질을 설명하지 못하지만, 생명체를 조작할 수 있는 강력한 '도구'를 만들어내고 있다(사진 〈사이언스〉).

한다. 즉 세포를 이루고 있는 분자들을 분석한 뒤 개별 분자를 구해 그 비율대로 섞어줘도, 즉 수프를 만들어도 이 분자들이 재배치돼 세포의 형태를 이뤄야 진정 무생물에서 생물이 나타난 것이라고 할 수 있다. 과연 이런 일이 가능할지에 대해서는 회의적인 시선이 많다.

이 연구 결과를 접하고 문득 십수년 전 읽은 프랑스 철학자 조르주 캉길렘Georges Canguilhem(1904~1995)의 책 『정상과 병리Le normal et le pathologique』가 떠올랐다. 그때 당시 필자는, 생물과 무생물을 구분하는 기준이 무엇일까를 고민하고 있었다. 물리학과 화학이 눈부시게 발전했지만 여전히 무생물에서 생물을 만들지 못하는 걸 보면 둘 사이에는 뭔가 근본적인 차이가 있다는 생각이 들었다. 빛의 세기만을 반영하는 흑백필름으로는 빛의 파장에 대한 정보까지 필요한 컬러사진을 만들어낼 수 없는 것처럼 말이다.

철학 가르치며 의학 공부

조르주 캉길렘은 1904년 프랑스에서 태어나 고등사범학교에서 철학을 공부하고 1937년부터 교직에 몸담았다. 주로 시간과 기술技術이 그의 관심사였는데 어느 때부터인가 병원을 다니며 의학을 공부하더니 1940년대 들어 본격적으로 의학에 몰두, 의학박사 논문을 쓰기에 이른다. 이 논문을 1943년 책으로 낸 게

『정상과 병리』다.

이 책을 보다가 생물과 무생물을 구분하는 다양한 기준을 발견하고 쾌재를 올린 기억이 난다. 그 가운데 하나가 물리학이나 화학에는 정상과 비정상(병리)에 대한 개념이 없다는 것이다. 이런 구분은 오로지 생명체에만 의미가 있다.

물리학의 법칙이나 화학의 법칙은 건강한지 질병이 있는지에 따라 변화하지는 않는다. (중략) 음식물을 배설물과 구별하는 것은 물리-화학적 현실이 아니라 생물학적인 가치다. 마찬가지로 생리적인 것과 병리적인 것을 나누는 것도 물리-화학적인 유형의 객관적 사실이 아니라 생물학적 가치다.

프랑스의 철학자 조르주 캉길렘은 '정상과 병리'라는 개념을 도입해 생명체를 바라보는 새로운 시각을 제시했다.

캉길렘은 '생명에는 내재하는 규범이 있다'고 전제하고 병이 들었다는 건 이 '규범'이 바뀐 상태라고 했다. 병을 고친다는 건 이 일탈된 규범을 원래의 규범에 가깝게 되돌리는 과정이라는 것이다. 그는 '불안정성과 불규칙성'을 생명 현상의 본질적 성질로 보는데, 따라서 생명 현상의 결과에 대한 통계적 방법, 즉 평균에 대한 일탈의 정도에 따라 정상과 병리를 구분하는 방식을 거부한다.

캉길렘은 1963년부터 1966년에 『정상과 병리』 2부를 집필했는데 여기서 "질병은 잘못 만들어진 것이며 잘못되어 있는 것이다"라며 "아귀가 잘 맞지 않은 접힙선 같은 의미에서 잘못된 것을 말한다"라고 덧붙였다. 즉 '오류'의 개념을 병리학에 도입했다. 캉길렘의 혁신적인 사고는 미셸 푸코^{Michel Foucault}(1926~1984)[•]를 비롯해 많은 철학자들에게 큰 영향을 미쳤다.

논쟁거리 넘쳐나는 생명과학 최첨단

크레이그 벤터^{John Craig Venter}(1946~)[•] 박사 팀의 인공생명체 연구는 1995년 미코플라스마 제니탈리움이란 기생 박테리아의 게놈을 해독한 때로 거슬러 올라간다. 불과 60만 염기쌍, 500여 유전자로 이뤄진 이 생명체는 그 뒤 인공 게놈을 만드는 모델이 됐다. 연구자들은 이 박테리아 게놈에서 유전자를 빼내는 실험을 통해 유전자 100여 개를 없애도 박테리아가 살아갈 수 있음을 발견했다.

사실 게놈을 바꿔치기하는 실험은 2007년 성공했다. 역시 벤터 박사 팀의 연구로 이때는 자연 박테리아의 게놈을 대상으로 했다. 즉 서로 가까운 친척인 두 박테리아 가운데 하나의 게놈을 추출해 다른 종의 세포 안에 넣어주자 세포가 분열하면서 이식된 게놈을 갖는 박테리아가 나왔다.

이듬해 연구자들은 미코플라스마 제니탈리움의 게놈을 합성하는데 마침내 성공했다. 그러나 막상 이 합성게놈으로 다른 박테리아에 게놈을 바꿔치기하는 실험은 계속 실패해왔다. 결국 다른 종(미코플라스마 마이코이데스)의 게놈을 다시 합성하는 우여곡절 끝에 마침내 실험에 성공했다. 그러나 이번 실험에 대한 학술적 가치에 대한 평가가 엇갈리는 것(진정한 인공생명체가 아니기 때문에)과 함께 이런 방법이 초래할 윤리적 딜레마도 도마에 오르고 있다.

사실 줄기세포 치료나 개인 게놈 분석 등 물리-화학적 방법을 통한 생명체의 조작이나 정보 추출이 예전에는 생각지도 못했던 고민거리들을 제공하고 있다. 캉길렘의 작업이 현재 맞닥뜨린 곤혹스러움을 해결하지는 못하겠지만 어떤 영감을 주지는 않을까. 그가 살아 있다면 오늘날 생명과학의 이런 '현기증 나는' 발전에 대해 어떤 말을 할지 무척 궁금하다.

12

수학자보다 수학을 사랑한 철학자 : 마틴 가드너

마틴 가드너의 『대단한 수학책』

주간과학저널인 〈네이처〉나 〈사이언스〉에는 가끔 부고 기사가 실린다. 물론 주로 위대한 업적을 남긴 과학자들을 대상으로 한다. 2010년 7월 9일자 〈사이언스〉 '회고retrospective' 란에는 5월 22일 96세를 일기로 타계한 마틴 가드너Martin Gardner(1914~2010)를 추모하는 글이 실렸다. 마틴 가드너는 학력이라야 철학학사가 전부이고 주로 글을 쓰면서 살았다. 그런데 어떻게 웬만한 과학자들도 실리기 어려운 일급 과학저널의 부고란에 이름을 올렸을까.

잡지에 연재한 수학 코너로 유명해져

1936년 미국 시카고대학 철학과를 졸업한 가드너는 공부를 계속해 학자가 되는 것보다는 글을 쓰는 게 적성에 맞다는 걸 깨닫고 소설을 쓰기 시작한다. 그러나 어느새 그는 과학과 철학, 게임에 대한 기사를 쓰는 자신을 발견했다. 그는 당시 사람들을 유혹하던 사이비과학의 폐해를 고발하는 데 열심이었는데, 1952년 발간한 첫 저서 『과학의 이름으로^{In the Name of Science}』가 큰 반향을 불러일으켰다.

그는 1950년대 〈험프티 덤프티〉라는 어린이 잡지의 편집자로 일하면서 수학 퍼즐을 자주 다뤘는데, 1956년 유명 월간 과학잡지인 〈사이언티픽 아메리칸〉에 '플렉사곤^{flexagon}'●을 다룬 기사를 기고했다. 그런데 이 기사가 엄청난 인기를 끌면서 잡지 측에서 그에게 매달 수학기사를 연재해보겠냐는 제안을 한다. 1981년까지 25년을 이어온 '수학게임' 코너는 이렇게 시작됐다.

이 코너를 통해 가드너는 수학의 다양한 분야를 게임으로 연결해 설명하는 놀라운 능력을 발휘했는데(이를 '유희수학'이라고 부른다), 펜로즈 타일링●이나 프랙탈● 같은 현대 수학도 이 코너를 통해 접한 사람이 많았다. 이때 수많은 가드너 팬들이 생겨났고 그들이 보낸 편지에서 가드너는 새로운 아이디어를 얻기도 했다.

수학 퍼즐 연재를 끝낸 뒤에도 가드너는 왕성하게 활동하면서 수학, 철학, 종교 등 다방면에 걸쳐 글을 쓰며 활약했다. 그가 펴낸 책만 해도 70권에 이른다. 이런 왕성한 필력과는 대조적으로

플렉사곤 1939년 미국 프린스턴대학의 수학과 대학원생이던 아서 스톤이 종이를 파일에 끼울 때 크기를 맞추기 위해 잘라낸 조각을 갖고 무심코 접어보다가 발견한 형태로 '뒤집히는 다각형'이라는 뜻이다. 즉 종이를 접어 만든 여러 면으로 이뤄진 다각형을 뒤집으면 새로운 면으로 이뤄진 다각형이 나온다. 그 뒤 다양한 형태의 플렉사곤이 발견됐고 그 이면에 있는 수학법칙도 밝혀졌다. 가드너는 이 기사에서 플렉사곤을 만드는 방법을 그림을 곁들여 흥미롭게 설명했다.

펜로즈 타일링 타일링(tiling)은 면에 빈틈없이 타일을 까는 과정이다. 욕실 바닥이나 벽이 대표적인 예다. 영국 옥스퍼드대학의 저명한 수학자이자 이론물리학자인 로저 펜로즈는 1974년 타일 두 종류만 써서 결코 주기성(반복적인 패턴)이 나오지 않는 타일링을 만드는 데 성공했다. 이를 펜로즈 타일링이라고 부른다. 2011년 노벨화학상을 받은 분야인 준결정은 펜로즈 타일링으로 설명할 수 있다.

프랙탈 부분이 전체를 닮는 자기 유사성을 보이는 구조를 프랙탈이라고 한다. 나뭇가지가 갈라진 모습이 대표적인 예다. 1975년 프랑스의 수학자 베르누이 만델브로가 이런 현상에 프랙탈이라는 이름을 붙였다. 인체의 혈관 분포나 주가의 등락 패턴도 프랙탈로 설명할 수 있다.

가드너는 무척 소심한 사람이어서 대중의 관심을 받는 자리에
서는 걸 극구 꺼렸다고 한다. 따라서 시상식에 꼭 참석해야만 하
는 상은 대부분 거절했다고 한다.

『앨리스』에서 펜로즈 타일링까지

가드너는 문학에도 조예가 깊었는데 특히 루이스 캐럴의 『이
상한 나라의 앨리스』에 관한 한 최고의 전문가로 꼽힌다. 그가
1960년 펴낸 『주석 달린 앨리스』는 공전의 히트를 쳤으며 40년
이 지난 2000년 펴낸 개정판 『앨리스』의 방대함은 혀를 내두를
만하다. 사실 2005년 『앨리스』 한국어판을 사기 전까지 가드너
의 이름만 알고 있었지 국내에 번역된 책이 몇 권 있음에도 그의
책을 읽어본 적이 없었다. 그런데 가드너의 주석이 달린 『이상한
나라의 앨리스』를 읽어보고는 정말 대단한 사람이라는 생각이
들었다.

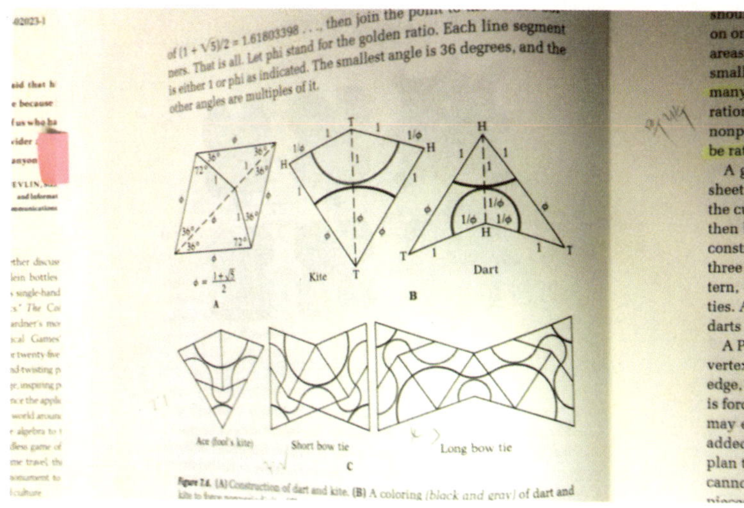

Figure 7.6. (A) Construction of dart and kite. (B) A coloring (black and gray) of dart and kite to form ...

두 번째로 가드너를 만난 건(물론 책으로) 2008년이다. 당시 조선시대 학자 최석정崔錫鼎(1646~1715)*이 직교라틴방진*을 세계 최초로 고안했다는 사실이 세계 수학계의 인정을 받았다는 내용을 취재하려고** 연세대 전기전자공학부 송홍엽 교수 연구실을 찾았는데, 얘기 중 송 교수가 책상 위에 있던 가드너의 『대단한 수학책The Colossal Book of Mathematics』을 가리키며 시간 날 때 읽어보면 재미있을 거라고 추천해줬다.

인터넷으로 주문해 받아보니 바로 〈사이언티픽 아메리칸〉에 연재한 칼럼 가운데 50개를 추려 주제별로 묶은 뒤 내용을 보강해 편집한 책이었다(2001년 출간). 가드너의 사망 소식을 듣고 이 책이 생각나 꺼내 여기저기 펼쳐보니 그의 폭넓은 지식과 호기심을 새삼 느낄 수 있었다. 가드너는 평소 자신이 과학의 신비에 매료된 사람이라고 말했는데, 과학의 한 문제가 풀리면 그 뒤에는 또 다른 신비가 기다리고 있기 때문이라고 설명했다.

2001년 출간된 『대단한 수학책』에서 펜로즈 타일을 다룬 부분. 〈사이언티픽 아메리칸〉에 연재한 칼럼 가운데 50개를 뽑아 보완, 편집한 책이다.

최석정 조선 후기의 문신으로 영의정까지 지냈다. 아마추어 수학자로 그가 지은 『구수략(九數略)』은 조선시대 최고의 수학책으로 꼽힌다.

직교라틴방진 직교라틴방진을 이해하려면 먼저 라틴방진을 알아야 한다. n개의 서로 다른 숫자를 n행 n열의 체스판 같은 공간, 즉 방진에 배열했을 때 어느 행이나 열에서도 1부터 n까지 숫자가 한 번만 나올 경우 라틴방진이라 한다. 두 라틴방진을 합쳐 서로 쌍을 이뤘을 때 각 쌍이 서로 다를 경우 이들을 직교라틴방진이라고 부른다.

** 〈과학동아〉 2008년 8월호 「오일러 앞지른 최석정」 참조.

PART 3

카페 라테

영화와 책으로 만나는 과학 이야기

과학의 카페라테

친구와 만나 영화를 볼 때처럼

누구라도 쉽게 다가갈 수 있는 편한 상태

책상 위 한 구석에서 말없이 식어가도

연인처럼 늘 부드러운 당신

13

『이상한 나라의 앨리스』: 붉은 여왕 가설

영화 〈이상한 나라의 앨리스〉의 붉은 여왕

2010년 개봉한 팀 버튼 감독의 영화 〈이상한 나라의 앨리스〉에서는 앨리스는 아이가 아니라 열아홉 살의 처녀이고 스토리도 원작에서 영감을 얻었을 뿐 전혀 새로운 내용이다. 그런데도 영화 속에는 소설을 읽으면서 상상했던 광경이 멋지게 형상화돼 있다. 원작 『이상한 나라의 앨리스』는 1865년에, 그 속편인 『거울 나라의 앨리스』는 1871년에 각각 출간됐다. '앨리스'의 작가 루이스 캐럴Lewis Carroll은 당시 옥스퍼드대학 크라이스트처치의 목사이자 수학자였던 찰스 도지슨Charles Dodgson(1832~1898)의

필명이다. 1832년 잉글랜드에서 태어난 도지슨은 1849년 옥스퍼드대학 크라이스트처치에 입학해 신학과 수학을 공부한 뒤 모교에서 목사와 수학 교수로 봉직했다.

도지슨은 180센티미터의 훤칠한 키에 날렵한 몸매로 매력 있는 외모였지만 1898년 66세로 사망할 때까지 독신으로 지냈고 평생 이렇다 할 연애사건 한 번 없었던 것으로 알려져 있다. 소심한 성격이 가장 큰 원인으로 보이는데 사교 모임에서도 말 한마디 않고 뒤에 가만히 앉아 있고는 했다. 그 역시 자신의 삶을 이렇게 회고했다.

"나의 인생은 정말 이상할 정도로 모든 시련과 어려움에서 벗어나 있다. 나의 행복은 주님께서 다시 오실 때까지 다른 사람들의 인생을 행복하게 만들기 위한 어떤 일에 전념할 수 있도록 내게 주어진 재능 중 하나라고 확신하지 않을 수 없다."

그렇다고 도지슨이 목사나 수학자로 살면서 다른 사람들을 행복하게 한 것도 아니다. 도지슨의 강의는 무척 지루했고 논리학 분야에서 몇몇 재미있는 아이디어를 제시했을 뿐 수학의 발전에 기여한 바도 없기 때문이다. 대신 그는 우연한 기회에 판타지 문학의 영원한 고전이 된 소설 『이상한 나라의 앨리스Alice's Adventures in Wonderland』를 씀으로써 아이들뿐 아니라 어른들에게도 지울 수 없는 환상을 심어놓았고 그 자신 역시 문학사에 이름을 남겼다. 이 모든 건 그의 삶을 사로잡은 한 소녀와의 우연한 만남 덕분이다.

왼쪽은 찰스 도지슨(필명 루이스 캐럴)이 『이상한 나라의 앨리스』를 쓰는 데 결정적인 역할을 한 앨리스 리델의 여섯 살 때 모습이다. 도지슨이 직접 찍은 사진이다. 오른쪽은 찰스 도지슨이 찍은 자신의 모습이다. 대학 교수에 키도 크고 말쑥했지만 평생 이렇다 할 연애 한 번 해보지 않고 독신으로 지냈다.

아이의 부탁으로 소설 집필

1856년, 당시 막 소개되기 시작한 사진에 관심이 많았던 스물네 살의 청년 도지슨은 대성당을 찍으러 갔다가 크라이스트처치의 학장으로 막 부임한 헨리 리델Henry Liddell(1811~1898)•의 가족을 만났다. 그 뒤 그는 리델의 집을 뻔질나게 드나들기 시작했다. 이 집에는 여자아이가 셋 있었는데 그는 아이들과 노는 걸 무척이나 좋아했다고 한다. 그는 아이들을 즐겁게 해주기 위해서 인형극과 마술을 배웠고 여러 가지 게임과 퍼즐을 개발하기도 했다. 흥미로운 건 도지슨은 오로지 여자아이들만 좋아했다는 점이다.

리델 학장의 딸들 가운데 둘째인 앨리스 리델Alice Pleasance Liddell(1852~1934)•이 특히 그의 마음을 사로잡았는데 그는 앨리스의 사진을 여럿 찍었다. 앨리스 리델은 그의 삶에 지울 수 없는 흔적을 남겼다. 앨리스 리델이 결혼할 때 그는 편지에서 "당신 이후로 저에게는 꽤 많은 어린 친구들이 있었습니다. 하지만 아무도 당신과 같지는 않았습니다"라고 고백하고 있다.

1862년 그의 나이 서른 살, 앨리스가 열 살이던 여름 어느 날 도지슨은 리델가의 세 자매를 데리고 템스 강으로 소풍을 떠났다. 이때 그는 노를 저으며 즉석에서 동화를 지어 아이들에게 들려줬다. 소녀가 토끼 굴속으로 들어가 땅속 나라에서 겪게 되는 에피소드였다. 그런데 앨리스가 그 이야기를 책으로 써달라고 그를 조르기 시작했다. 앨리스 리델은 "내가 어찌나 끈덕지게 졸라댔는지, 그는 한번 생각해보겠다고 대답하더니, 결국에는 마지못해 글로 써보겠다고 약속을 했다"라고 회상했고 도지슨 역시 한 글에서 "나는 단지 사랑하는 한 아이를 기쁘게 해주기 위해서 책을 엮었고, 내 조잡한 솜씨로 그림을 그렸다"라고 당시를 떠올렸다.

이듬해 그는 앨리스 리델에게 책 『땅속 나라의 앨리스Alice's Adventures Under Ground』를 건네줄 수 있었다. 그런데 이 과정에서 그는 스토리를 좀 더 다듬어 출판해보면 어떨까 하는 생각이 들었다. 사실 도지슨은 어릴 때부터 문학에 관심이 많았고, 20대에 시나 단편을 잡지에 기고하기 시작했는데 주로 유머나 풍자가 깔려 있는 그렇고 그런 이야기였다. 도지슨은 당시 자신의 작품을 두고 "난 아직 출판할 만한 가치 있는 작품을 썼다고는 생각하지 않는다"라고 평가한 바 있다. 루이스 캐럴이란 필명은 1856년부터 쓰기 시작했다.

1865년 존 테니얼(1820~1914)*의 삽화를 곁들인 『이상한 나라의 앨리스』가 출판됐고 엄청난 반향을 불러일으켰다. 그 뒤 1871년 속편인 『거울 나라의 앨리스Through the Looking-Glass』가 출판됐다. 『앨리스』가 나온 지 100년도 더 지난 오늘날 이 책들을 읽어보면 이 작품들이 당시 왜 그렇게 반향을 불러일으켰는지 공감하기가 어렵다. 글 곳곳에 당시 영국 사람들만이 알아들을 수 있었던 비유와 표현이 등장하기 때문이다. 실제로 현재 나와 있는 『앨리스』들은 원문을 많이 뜯어고쳐 읽기 쉽게 만들어놓은 버전이다.

그런데도 정본 『앨리스』가 살아남아 여전히 '명성'을 날리고 있는 건 일부 어른들이 여전히 『앨리스』에 집착하고 있기 때문이다. 미국의 저명한 과학저술가이자 수학자인 마틴 가드너는 1960년 『주석 달린 앨리스』를 집필했고 40년이 지난 2000년 『주석 달린 앨리스』 결정판을 내놓았다(한글판은 『앨리스』란 제목으로 2005년 나왔다). 본문보다 주석이 훨씬 긴 이 책에서 가드너는 "『앨리스』가 불멸의 명성을 얻게 된 것은 오직 어른들―특히 과학자와 수학자들―이 계속해서 이 책을 즐기기 때문이며, 이 책의 주석은 바로 그런 어른들을 위한 것이다"라고 쓰고 있다. 과연 『앨리스』의 어떤 부분들이 과학자들의 '영감'을 자극하는 걸까.

진화의 아이콘 '붉은 여왕'

『이상한 나라의 앨리스』를 읽다 보면 곳곳에 저자가 수학자임을 알 수 있는 표현들이 나온다. 9장에 나오는 한 장면을 소개하면 다음과 같다.**

"하루에 몇 시간이나 수업을 받았니?"

이야기 주제를 바꾸려고 앨리스는 급히 물었다.

"첫날은 열 시간, 다음 날은 아홉 시간, 대충 그랬어."

가짜 거북이 대답했다.

"참 이상한 시간표네!"

앨리스가 말했다.

"그렇게 하루하루 줄어드니까(lessen) 수업(lesson)이지."

그리폰이 단호하게 말했다.

그런 게 수업이라는 생각을 한 번도 해본 적이 없는 앨리스는 곰곰이 생각을 해본 후에 말했다.

"그럼 열한 번째 날은 휴일이겠네?"

"그야 당연하지."

가짜 거북이 말했다.

"그럼 열두 번째 날은 어떻게 지내지?"

앨리스는 너무나 궁금했다.

하지만 그리폰이 단호하게 나섰다.

"수업 이야기는 이 정도로 충분해. 이제 다른 이야기를 해주도록 해."

앨리스가 '곰곰이 생각을 해본 후에' 열한 번째 날이 휴일인 걸 맞춘 건 수업시간이 하루에 한 시간씩 줄어드는 등차수열*이란 걸 알아차렸기 때문이다.

$$a_1=10$$

$$a_{n+1}=a_n-1 \ (n=1, 2, 3, \cdots\cdots)$$

$$a_{11}=0$$

$$a_{12}=?$$

열두 번째 날이 궁금한 건 공식에 따르면 수업을 '-1시간' 받아야 하기 때문이다. 앨리스의 날카로운 질문에 당황한 그리폰(독수리 날개와 머리에 사자 몸뚱이를 한 괴물)이 얼른 이야기 주제를 돌리는 이유다. 이런 재미는 『주석 달린 앨리스』를 읽지 않는 한 알아차리기 어렵다.

사실 『앨리스』의 영향력은 과학 분야에서 오히려 다채롭다. 물론 이 경우는 저자조차 깨닫지 못한 의미를 『앨리스』 마니아인 과학자들이 '발견'한 것들이다. 속편인 『거울 나라의 앨리스』가 특히 많은 영감을 줬다. 『거울 나라의 앨리스』는 어느 겨울날 앨리스가 새끼 고양이 키티와 장난을 치다가 거울 속으로 들어가면서 이야기가 전개된다. 거울 속에 들어가기 직전 앨리스가 키티에게 하는 말이다.

"거울 속의 집에서 살면 어떨 것 같아, 키티? 저기에서도 너에게 우유를 줄까? 어쩌면 거울 속의 우유는 먹을 수 없는 것인지도 몰라."

우유는 물에 카제인 같은 단백질과 당분, 지방이 섞여 있는 물질이다. 오른손을 거울에 비추면 왼손으로 보이듯이 거울 속의 우유를 확대해 보면 단백질 같은 분자의 구조도 거울에 비친 모습으로 바뀌어 있을 것이다. 흥미롭게도 자연계에는 왼손 형태의 단백질만 존재한다. 단백질을 이루는 아미노산*이 왼손 형태만 있기 때문이다.

우유를 마시면 위와 장에서 단백질이 아미노산으로 분해되는데(이 과정을 소화라고 부른다) 이 역할을 하는 물질이 단백질분해효소이다. 우리 몸이 만드는 단백질분해효소* 역시 왼손 아미노산으로 이뤄진 단백질만 분해할 수 있다. 단백질이 왼손이라면 단백질분해효소는 왼손 장갑인 셈이다. 따라서 거울 속의 우유처럼 오른손 형태의 단백질이 들어 있는 우유가 있어 마신다면 우리 몸은 소화를 시킬 수가 없다.

이처럼 형태는 똑같은데 왼손과 오른손처럼 서로 겹쳐지지 않는 짝으로 이뤄진 분자를 광학이성질체라 부른다. 이런 이름이 붙은 것은 이들 분자에 특수한 빛을 비출 경우 통과해 나온 빛의 특성이 반대가 돼 두 분자를 서로 구분할 수 있기 때문이다. 과학저널 〈사이언스〉(2010년 9월 18일자)에는 미생물이 오른손 아미노산을 만들어 주위 환경 변화에 대응한다는 연구 결과가 실렸는데 이를 해설하는 논문에서 앨리스가 아미노산을 들고 있는 삽화가 나온다.

한편 물리학자들은 위의 구절을 조금 다르게 해석한다. 즉 거울 나라를 반물질의 세계로 보는데 물질과 반물질이 만나면 엄청난 에너지를 내고 소멸하므로 거울 속의 우유는 먹을 수 있기는커녕 큰 사고가 날 수 있다는 것이다. 유럽입자물리연구소^{CERN}

아미노산 분자 모형을 들고 있는 앨리스. 거울에 비친 모습이 바로 광학이성질체다 (제공 〈사이언스〉).

의 거대강입자가속기에 설치된 검출기 가운데 하나도 이름이 앨리스(ALICE)다. ALICE는 'A Large Ion Collider Experiment(대형이온충돌실험)'의 약자이지만 어떻게 해서든지 '앨리스'와 엮어보려는 과학자들의 기지가 돋보인다.

생물학자들도 '앨리스'를 그냥 두지 않았다. 팀 버튼의 이번 영화에서 립스틱을 하트 모양으로 칠해 깊은 인상을 남긴 '붉은 여왕'은 땅속 나라의 독재자로 나오는데 사실 『거울 나라의 앨리스』에서는 그렇게 나쁜 사람은 아니다. 앨리스가 붉은 여왕과 만나 벌이는 에피소드의 한 장면이다.

그런데 정말 이상하게도 그들 주변에 있는 나무며 다른 것들의 위치가 전혀 바뀌지 않았다. 그들이 아무리 빨리 달려도 어느 것 하나 뒤로 젖히고 앞으로 달려 나갈 수 없을 것 같았다.

"모두 다 우리를 따라서 움직이고 있는 걸까?"

앨리스는 어리둥절해져서 생각했다. 여왕은 앨리스의 생각을 눈치 챈 것 같았다. 여왕은 다시 소리쳤다.

"더 빨리! 아무 말 하지 말고!"

앨리스는 왜 빨리 달려야 하는지 도무지 알 수가 없었다.

(중략)

앨리스는 깜짝 놀라며 주위를 둘러보았다.

"어머나, 우리가 계속 이 나무 아래에 있었던 건가요? 모든 것이 아까와 똑같은 자리예요!"

"당연하고말고. 어떨 거라고 생각했지?"

여왕이 물었다.

"글쎄요. 우리나라에서는 이렇게 한참 동안 빨리 달리면 어딘가 다른 곳에 도착하게 되거든요."

아직도 조금 숨을 헐떡이며 앨리스가 말했다.

"느림보 나라 같으니! 자, 여기에서는 보다시피 같은 자리를 지키고 있으려면 계속 달릴 수밖에 없단다. 어딘가 다른 곳에 가고 싶다면, 최소한 두 배는 더 빨리 뛰어야만 해!"

여왕이 말했다.

붉은 여왕이 앨리스를 데리고 달리는 장면을 그린 존 테니얼의 삽화. 이 에피소드에서 영감을 받아 종이 살아남으려면 끊임없이 진화가 일어나야 한다는 이론에 '붉은 여왕 가설'이라는 이름이 붙었다.

물리학자들은 이 장면을 아무리 빨리 달려도 빛의 속도를 따
라잡을 수 없는 현상에 대한 비유로 쓰지만 가장 유명한 건 미국
시카고대학의 진화생물학자 리 밴 베일런Leigh Van Valen(1935~
2010)•이 1973년 제시한 '붉은 여왕 가설'이다. 해양 화석을 연
구하던 그는 종의 멸종에 대한 새로운 통찰을 하게 된다. 즉 어
떤 종이 환경에 적응했더라도 결코 방심할 수가 없는데, 다른 종
들도 그 환경에 곧 적응하기 때문이다. 그는 끊임없는 진화 경쟁
에 참여하지 않는다면 결국 뒤처져 멸종할 수밖에 없다는 '붉은
여왕 가설'을 소개한 〈새로운 진화 법칙〉이란 제목의 논문을 발
표했다. 1993년 과학저술가 매트 리들리Matt Ridley(1958~)•는 『붉
은 여왕 : 성과 인간 본성의 진화Red Queen : Sex and the Evolution of
Human Nature』라는 책을 출간했는데 이 책이 널리 알려지면서 '붉
은 여왕'이 더욱 유명해졌다.

『앨리스』 두 편 모두 앨리스가 꿈에서 깨어나는 장면으로 끝난
다. 『거울 나라 앨리스』의 이야기 뒤에 작가는 시 한 편으로 글을
마무리하고 있다. 21행으로 이뤄진 이 시의 각 행을 시작하는 알
파벳을 읽어보면 바로 'ALICE PLEASANCE LIDDEL', 즉 앨
리스 리델의 영문 이름이 된다. 시의 내용은 작가가 리델 세 자
매에게 뱃놀이에서 『앨리스』 이야기를 들려주는 장면이다.

A boat, beneath a sunny sky

Lingering onward dreamily

In an evening of July-

Children three that nestle near,

Eager eye and willing ear,

Pleased a simple tale to hear-

(하략)

배 한 척, 햇빛 환한 하늘 아래로

꿈결처럼, 느릿느릿 흘러가네.

7월의 어느 저녁에.

편안하게 앉은 어린아이 세 명

초롱초롱한 눈으로 짧은 이야기에

귀를 기울이네, 즐거이

14

『셜록 홈즈』: 지문의 과학

아서 코난 도일

루이스 캐럴의 『이상한 나라의 앨리스』도 그렇지만 아서 코난 도일Arthur Conan Doyle(1859~1930)[*]의 『셜록 홈즈』도 그냥 단순한 소설이 아니다. 마치 『논어』나 『주역』처럼 후세의 사람들이 주석까지 붙여가며 '연구'하는 대상이기 때문이다. 최고의 홈즈 권위자라는 변호사 레슬리 클링거Leslie Klinger(1946~)[*]의 『주석 달린 셜록 홈즈』는 한글판(총 3권 가운데 현재 1권과 2권이 나왔는데 주석이 각각 1000개가 넘는다)도 나와 있다.

2권에 있는 「노우드의 건축업자」(1903년 발표)라는 제목의 단편은 한 은퇴한 건축업자가 자신이 살해된 것처럼 꾸며 젊은 시절 자신의 프러포즈를 거절한 여자의 아들에게 살인자의 누명을 뒤집어씌우려 하지만 홈즈 때문에 결국 실패한다는 이야기다. 여기서 건축업자가 결정적인 증거로 이용하는 게 피에 남은 지문인데 아래는 건축업자의 꾀에 넘어간 경위와 홈즈의 대화다.

"사람들의 엄지손가락 지문이 다 다르다는 것을 아시죠?"(경위)

"그렇다고들 하더군요."(홈즈)

지금은 수사에 지문이 결정적인 증거가 되는 것을 당연히 여기지만 코난 도일이 『셜록 홈즈』를 쓸 때만해도 이처럼 지문의 중요성이 막 인식되는 시기였다. 이 이야기 뒤에 클링거는 「셜록 홈즈와 지문」이라는 별도의 글을 덧붙여 지문이 수사에 쓰이게 된 과정을 자세히 소개하고 있다.

즉 1858년 인도(당시 영국령)의 치안관인 윌리엄 허셜*(1833~1917)이 인도 사람들이 계약을 할 때 지문을 찍게 했다는데 이때 그는 지문이 사람마다 다르다는 걸 발견하고 연구하기 시작했다. 한편 일본에서 의사로 일하던 헨리 폴즈^{Henry Faulds}(1843~1930)*는 선사시대 토기에서 옛 사람의 지문을 발견한 뒤 지문에 관심을 갖게 됐다. 그는 술잔의 남은 지문과 학생들의 지문을 비교해 술을 훔쳐 마신 '범인'을 찾기도 했다.

아서 코난 도일 영국 에든버러에서 태어나 에든버러 의대를 졸업했다. 개업을 한 뒤 소설을 쓰기 시작해 셜록 홈즈 시리즈를 남겼다.

레슬리 클링거 미국 시카고에서 태어났다. 변호사이면서 세계에서 가장 유명한 홈즈 권위자다. 『셜록 홈즈 참고 도서류』 등 홈즈와 관련된 여러 책을 펴냈다.

윌리엄 허셜 영국 슬라우에서 저명한 천문학자 존 허셜의 아들로 태어났다. 영국령 인도에 근무하면서 인도인들이 계약을 할 때 지문을 찍게 했다. 지문이 개인 식별의 수단으로 쓰일 수 있음을 처음 인식한 유럽인으로 여겨진다.

헨리 폴즈 영국 비스에서 태어나 열세 살 때부터 일을 했으나 스물한 살 때 글래스고대학에 들어가 수학과 논리학을 공부하고 그 뒤 앤더슨대학에서 의학을 공부했다. 1873년 의료선교로 일본에 건너가 체류할 때 미국인 고고학자인 에드워드 모스와 친교를 가지면서 고고학 유물에 남겨진 지문에 관심을 갖게 됐다. 그가 1880년 〈네이처〉에 실은 논문은 현대적인 지문 연구의 출발점으로 평가된다.

폴즈는 1880년 10월 28일자 〈네이처〉에 실은 논문에서 "피 묻은 지문이나, 도자기와 유리잔 등에 지문이 있으면, 그것으로 범인의 신원을 알아낼 수 있다"고 썼다. 한편 허셜도 그 다음 달에 〈네이처〉에 지문을 서명처럼 쓰는 방법에 대한 논문을 게재했다.

지문이 진짜 범인을 찾는 데 처음으로 사용된 건 뜻밖에도 남미의 아르헨티나에서였다. 1892년 6월 19일 프란시스카 로하스라는 27세 여성의 집에서 그녀의 여섯 살 난 아들과 네 살짜리 딸이 살해됐다. 로하스도 목에 상처를 입었는데 페드로 벨라스케스라는 이웃집 남성이 아이들을 죽이고 자기도 죽이려 했다고 진술했다.

수사관 알바레즈는 벨라스케스의 알리바이를 면밀히 조사한 결과 그가 살인범이 아니라는 확신을 얻었다. 그리고 탐문 수사를 하다가 우연히 로하스가 바람을 피우고 있었고 정부(情夫)가 "두 아이만 없으면 결혼해주겠다"는 말을 했다는 얘기를 듣는다. 알바레즈는 현장을 다시 한 번 면밀히 조사하다가 침실 문에 묻은 피를 발견하고 거기서 지문을 확인했다.

이때 알바레즈는 얼마 전 부에노스아이레스의 경찰국에 근무하는 후안 부세티치라는 사람에게서 지문을 수사에 활용할 수 있다는 내용의 교육을 받은 생각이 떠올랐다. 부세티치는 1882년 크로아티아에서 아르헨티나로 이민 온 인류학자로 경찰국에 근무하며 1891년 지문을 수사에 활용하는 방안을 구상하고 수사관들을 상대로 교육을 시작했다.

알바레즈는 문짝에서 지문이 묻은 부분을 떼어내 경찰서로 가져왔고 로하스의 지문을 채취했다. 둘을 비교하자 패턴이 동일했

다. 로하스에게 이 결과를 들이밀었고 넋이 나간 로하스는 결국 남
자에 눈이 멀어 두 자녀를 살해했고 자해를 한 뒤 이웃집 남자에게
범행을 뒤집어씌웠다고 자백했다. 그런데 손가락 끝에는 왜 지문
이 있을까.

지문, 왜 있을까?

미국 펜실베이니아주립대학의 인류학자 니나 야블론스키[Nina
Jablonski•] 교수는 지난 2006년 펴낸 책『Skin(피부)』에서 손가락,
발가락 끝의 지문은 영장류가 나무를 잘 타기 위해 진화한 것이
라고 설명한다. 즉 피부 표면의 미세한 굴곡이 나무를 잡을 때
미끄러지는 걸 방지한다는 것이다. 참고로 영장류의 손톱과 발
톱이 넓적한 것도 생존에 중요한 손가락과 발가락의 끝부분을
보호하기 위해 진화한 결과다.

한편 과학저널 〈사이언스〉(2009년 3월 13일자)에 실린 논문은
지문의 기능을 다른 관점에서 해석하고 있다. 즉 지문은 미끄럼

니나 야블론스키 미국 펜실
베이니아주립대학 인류학과
교수로 주로 인류의 피부 진
화에 대해 연구해왔다. 그녀
의 연구 결과는 〈내셔널 지오
그래픽〉, 〈사이언티픽 아메리
카〉 등 여러 잡지와 매체에 소
개됐다.

짧은꼬리원숭이의 손가락
과 손톱(왼쪽). 고양이의 앞
발가락 발톱(오른쪽). 영장
류의 손톱은 손가락 끝을 보
호하기 위해 넓적하게 진화
했다.

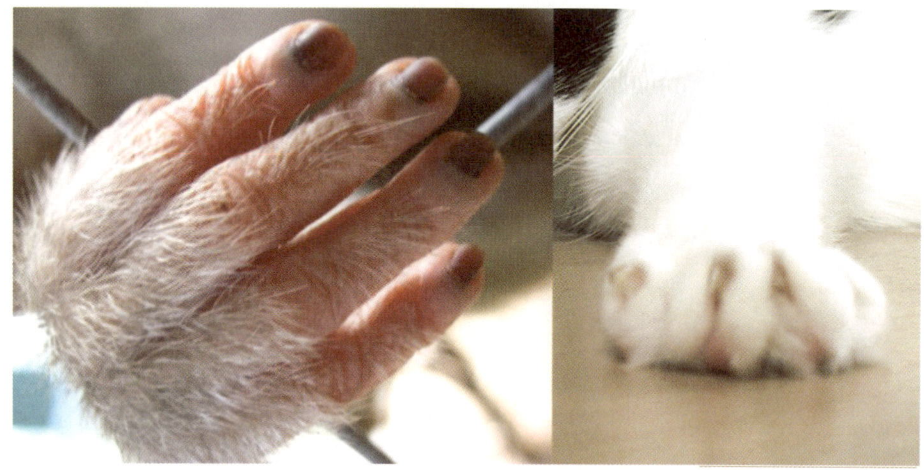

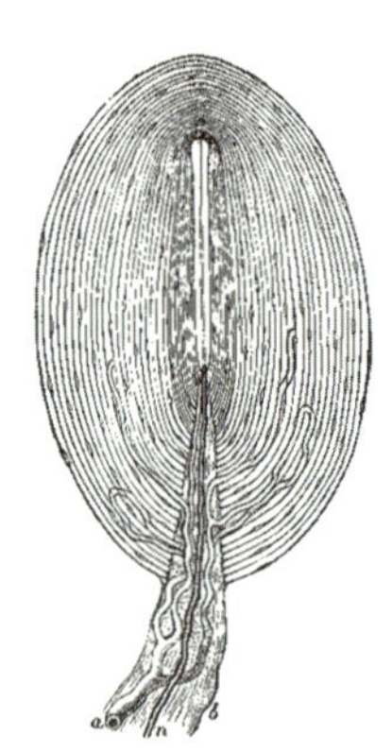

파시니 소체를 묘사한 그림으로 아래에서 올라온 신경 말단을 상피세포가 양파껍질처럼 겹겹이 감싸고 있는 구조다. 외부 압력이나 진동을 감지해 전달하는 기능을 한다.

방지 기능보다는 촉각을 예민하게 하기 위한 구조라는 것이다. 연구자들은 말단의 신경 역할을 하는 촉각 센서를 만든 뒤 하나는 표면이 매끄러운 재질로 감싸고 하나는 손가락 끝 피부처럼 요철이 있는 재질로 감쌌다. 그리고 유리 표면을 훑게 했을 때 전달되는 신호를 비교하자 요철이 있는 재질일 때 감도가 최대 100배까지 민감해짐을 확인했다.

연구자들은 특히 섬세한 질감을 느낄 때 지문이 큰 역할을 한다고 설명했다. 즉 손끝이 물체의 표면을 지나갈 때 진피에 있는 신경의 말단인 파시니 소체Pacinian corpuscle가 진동의 형태로 감지하는데 이 과정에서 지문이 신호증폭기 역할을 하는 셈이다. 손을 쓰는 영장류 가운데서도 최고봉인 인류가 뚜렷한 지문을 갖고 있는 건 어쩌면 당연한 진화의 결과일지도 모른다.

지문 유전자 찾았다

지난 2007년 스위스의 한 여성은 미국에 입국하려다 제지당했다. 손가락에 지문이 없었기 때문이다. 이 여성은 매우 드물게 나타나는 '무지문증adermatoglyphia'이었던 것이다. 이 얘기를 듣고 흥미를 느낀 스위스 바젤의대의 피부학자 피터 이틴Peter Itin 교수는 이 여성의 가계를 조사해봤다. 그 결과 친척 가운데 무지문증인 사람이 아홉 명이나 됐다. 이들 모두는 태어나면서부터 지문이 없었다.

무지문증이 유전된다는 사실을 알게 된 이틴 교수는 이 증상에 '입국지연병immigration delay disease'이라는 별칭을 붙여줬다.

이런 사람들은 지문 날인을 요구하는 나라에 들어갈 때 애를 먹기 때문이다. 그리고 이스라엘 텔아비브대학의 엘리 스프레셔[Eli Sprecher] 교수팀과 함께 '지문 유전자' 사냥에 들어갔다. 그 결과 마침내 무지문증은 SMARCAD1이라는 유전자에 변이가 생긴 결과라는 사실을 발견해 〈미국인간유전학저널〉 2011년 8월호에 발표했다. SMARCAD1 유전자는 피부에서만 발현되는데 그 기능은 아직 모르는 상태다. 연구자들은 이 유전자가 피부 세포가 접히는 배열을 하는 데 관여하는 것으로 추정한다.

지문은 사람마다 다르다. 흥미롭게도 일란성 쌍둥이도 지문은 서로 다르다. 지문 패턴 형성에는 선천적인 요인과 후천적인 요인이 함께 작용하는 듯하다. 지문은 임신 24주쯤이면 거의 완성돼 그 패턴이 평생 동안 변하지 않는다고 한다. 내 손끝의 지문에는 어머니 뱃속 시절의 추억이 새겨 있는 셈이다.

사진 속의 손가락 끝에는 지문이 없다. 지금까지 네 가족의 경우만 보고된 희귀한 증상인 무지문증인 사람의 손가락이다(미국인간유전학저널 제공).

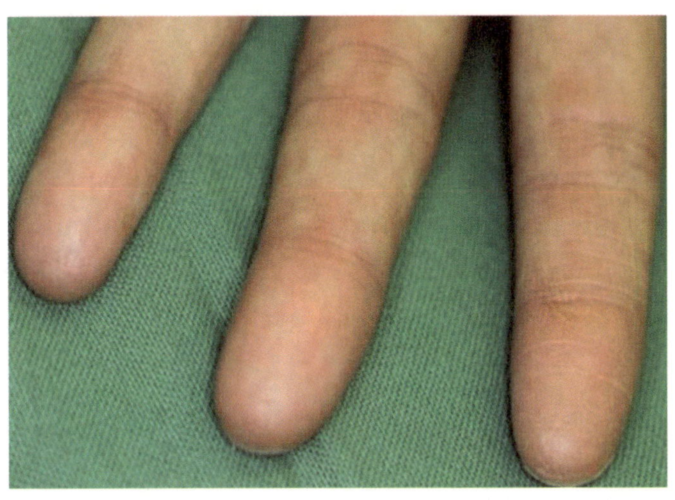

15

영화 〈인셉션〉: 펜로즈 계단에서 길을 잃다

영화 〈인셉션〉의 펜로즈 계단

2010년 개봉한 영화 〈인셉션〉은 컴퓨터 그래픽보다도 '현란한' 스토리가 단연 압권이다. 무의식, 꿈, 꿈 속의 꿈, 꿈 속의 꿈 속의 꿈 같은 복잡한 구성에 한 영화평론가는 영화가 너무 어려워 두 번째 보면서 불현듯 "왜 내가 아까운 내 돈 내고 이렇게 고문을 당하고 있는 거지?"라고 신경질을 냈다고 털어놨다. 영화평을 할 안목이 없는 필자는 감상 소감은 건너뛰고 영화에서 본 인상적 장면 가운데 하나인 펜로즈 계단으로 올라서보자.

펜로즈 계단Penrose stairs이란 영국의 의학자 리오넬 펜로즈Lionel Penrose(1898~1972)•와 그의 아들 로저 펜로즈Roger Penrose(1931~)•가 고안한 '3차원에서는 불가능하고 2차원에서는 가능한' 계단이다. 사실 아들이 아버지보다 훨씬 더 유명한데, 1970년대 스티븐 호킹과 함께 블랙홀 이론을 연구한 천재 이론물리학자인 로저 펜로즈, 바로 그 사람이다.

옆 그림(2차원)에서 펜로즈 계단을 처음 들여다봤다면 뭐가 특이한 건지 알아차리지 못했을 수도 있다. '계단 한 쪽에 머리를 감싸고 앉아 있는 사람은 뭐지?' 검지와 중지를 다리처럼 움직여 계단을 걸어가보자. 계단을 오르거나 내리거나 결국 제자리로 돌아온다는 사실을 발견했을 것이다. 몇 번 걸어보면 당신도 절망해 주저앉을 것이다.

계단은 높이가 다른 지점을 걸어서 올라가게 해주는 장치다. 그런데 한 사람은 올라가고 한 사람은 내려가는데 건너편에서 딱 마주치니 귀신이 곡할 노릇이다. 펜로즈 계단이 '3차원에서는 불가능하고 2차원에서는 가능한' 이유다. 도대체 어디에 트릭이 숨어 있는 것일까. 펜로즈 계단을 만들 순 없을까.

'3차원에서는 불가능하고 2차원에서는 가능한' 펜로즈 계단(일러스트 유한진).

차원 축소는 정보의 소실

펜로즈 계단은 계단을 오르다 왼편(물론 오른편도 상관없다)으로 90도 꺾어 다시 계단을 오르고 다시 90도 꺾는 과정을 반복해 4각형의 테두리를 만든다. 논의를 간단히 하기 위해 계단 하나의 면을 정사각형으로 했다.

리오넬 펜로즈와 로저 펜로즈
리오넬 펜로즈는 영국의 정신과의사이자 유전병학자, 수학자, 체스 연구가다. 아들 로저 펜로즈가 펜로즈 삼각형을 보여주자 여기에 영감을 얻어 펜로즈 계단을 고안했다. 둘은 이 발견을 1958년 〈영국심리학저널〉에 발표했다.

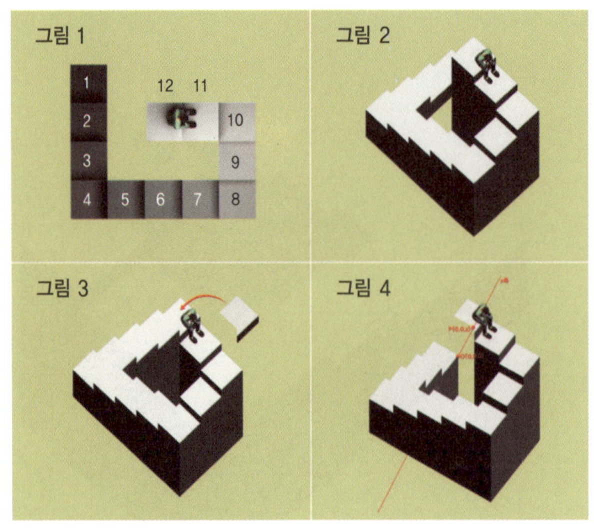

펜로즈 계단을 위에서 보면 계단이 연결돼 있지 않음을 알 수 있다(그림 1). 납작한 육면체 78개로 계단을 만들어도 펜로즈 계단이 나오지 않는다(그림 2). 12번 계단의 기둥을 없애고 계단 면의 일부를 잘라낸 뒤 1번, 2번 계단 아래에 기둥을 덧붙여야 펜로즈 계단이 완성된다(그림 3). 펜로즈 계단은 점 O와 점 P를 잇는 축의 연장선에서 바라본 관점이다(그림 4). (일러스트 유한진)

옆 그림의 펜로즈 계단을 하늘에서 본 모습(평면도)을 그려보자. 앉아 있는 사람 왼쪽의 계단(1번으로 하자)부터 시작해 오르는 방향으로 계단을 하나하나 그려보면 사람이 앉아 있는 마지막 계단(12번)에 이른다(그림 1). 그런데 1번 계단과 12번 계단이 공간적으로 떨어져 있다.

펜로즈 계단은 3차원에서는 떨어져 있는 대상이 서로 닿아 보이는 특정한 각도에서 바라본 '허상'인 셈이다. 일몰 때 엄지와 검지 사이에 태양을 넣고 찍은 사진을 생각하면 된다.

그렇다면 납작한 육면체 78개(계단 1번은 1개, 2번은 2개, ……)만 있으면 펜로즈 계단을 만들 수 있을까. 아쉽게도 평면도에 따라 육면체를 배치한 뒤 '특정 각도'에서 봐도 펜로즈 계단은 안 나온다. 12번 계단의 기둥이 1번 계단을 가리고 있기 때문이다(그림 2).

결국 12번 계단을 치운 뒤 'ㄱ'자 형태(그것도 1번을 가리지 않게 한쪽 면을 깎아낸)의 계단 뚜껑을 11번 계단 끝에 고정해야 계단이 '연결'된다. 리얼리티를 좀 더 높여주려면 1번과 2번 계단 아래에 기둥을 더 붙여줘야 한다(그림 3). 가능한 2차원을 만들기 위한 불가능한 3차원의 노력이 다소 구차하다는 생각도 든다.

펜로즈 부자는 왜 펜로즈 계단과 그 원형인 펜로즈 삼각형을

고안했을까. 그냥 재미삼아? 펜로즈 계단을 보는 방향을 z축이라고 할 때 1번 계단 테두리의 한 점 O를 원점이라고 하면 좌표는 (0, 0, 0)이고 계단(뚜껑) 12의 한 점 P의 좌표는 (0, 0, z)이다(그림 4). 그런데 z축과 나란한 방향에서 바라보면 z축이 압축돼 사라지면서 O나 P 모두 (0, 0), 즉 한 점이 된다. 즉 바라보는 상의 세 번째 차원인 깊이 정보가 일시적으로 소실되는 관점에서 있다는 얘기다.

여기서 문득 우리가 흔히 얘기하는 '평면적 사고'라는 말이 떠오른다. 사태를 다양한 관점에서 바라보지 않고 처음 스쳐 지나간 인상을 끝까지 진실이라고 믿는 사람들의 사고방식이다. 펜로즈 계단을 보다가 '내가 혹시 평면적 사고를 하고 있지 않나?'라는 생각이 떠올랐다면 당신은 펜로즈 계단에서 길을 잃지는 않을 것이다.

펜로즈 삼각형 역시 특정한 각도에서 봤을 때만 성립한다. 실제로는 서로 다른 방향을 향한 막대 셋이 연결된 구조다. 사진은 호주 클레이즈부룩에 있는 펜로즈 삼각형 구조물이다(사진 제공 : Bjøn Christian Tørissen).

16

영화 〈인 타임〉 :: 텔로미어와 노화

영화 〈인 타임〉의 한 장면. 주인공 실비아(아만다 사이프리드, 오른쪽)와 어머니(가운데), 외할머니 모두 스물다섯 살에 노화가 멈춰 있다. 이들은 영생을 할 만큼 시간이 넘쳐나는 부유층이다(제공 20세기폭스코리아).

2011년 개봉한 영화 〈인 타임$In Time$〉은 상황 설정이 기발하다. 유전자 차원에서 노화를 완전히 정복한 미래가 배경인데, 사람들은 스물다섯 살 때까지는 우리와 마찬가지로 성장하지만 딱 스물다섯 살이 됐을 때 갑자기 몸에 충격이 오면서 팔뚝에 녹색 숫자가 켜진다. 1년을 더 살 수 있다는 표시다. 1년 뒤에도 더 살려면 일을 해서 '시간'을 벌어야 한다. 또 커피를 마시거나 버스를 타려면 시간을 '지불'해야 한다(커피 한 잔에 4분인데 비해 버스 요금은 2시간으로 꽤 비싸다!).

그러나 빈부격차는 미래에도 있는 법. 노동자들은 불과 몇 시간 며칠을 남겨둔 채 힘겹게 살아가지만 기득권층은 수백 년을 걸고 포커를 치기도 한다. 노동자 계급인 윌(저스틴 팀버레이크)은 우연히 백 살을 얻어 기득권자들의 사회에 침투해 실비아(아만다 사이프리드)라는 아가씨와 눈이 맞아 이런저런 사건을 벌인다. 그럼에도 이 영화를 SF라고 부르기에 주저하게 되는데 도대체 어떤 방법으로 노화를 정복했는가에 대한 설명이 없기 때문이다.

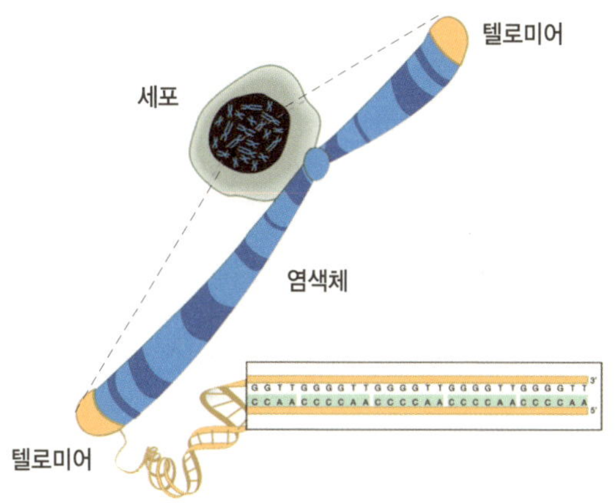

텔로미어는 염색체 양 끝에 있는 부분이다. 여기에는 특정한 DNA 서열이 수차례 반복돼 있다(자료 제공 : 노벨재단).

노화의 지표, 텔로미어를 보호할 수만 있다면

노화는 몸에서 일어나는 총체적인 변화의 결과이기 때문에 아무리 노화 관련 유전자가 충분히 밝혀진다고 해도 영화처럼 특정한 나이에 노화를 딱 멈추게 하기는 어려울 것이다.

그럼에도 이제는 많은 노화 연구자들이 노화를 변화시킬 수 없는 과정이라고 생각하지는 않는 듯하다. 유전자를 조작하거나 유전자에 영향을 줌으로써 노화를 지연하거나 때로는 역전시킬 수도 있다는 증거가 속속 나오고 있기 때문이다.

현재 노화 또는 수명과 연관된 가장 확실한 지표는 염색체chromosome 말단에 붙어 있는 텔로미어telomere란 부분이다. 텔로미어는 특정 염기 서열이 반복돼 있는 구조로 염색체의 DNA를 보호하는 역할을 하는데 세포가 분열할 때마다 조금씩 짧아진다. 자동차 주행에 따라 타이어의 고무가 닳는 것과 마찬가지다. 텔로미어가 짧아지다 보면 결국 없어지고 그 결과 염색체의 손상이 심해져 세포는 더 이상 분열하지 못한다.

흥미로운 사실은 우리 게놈에는 텔로머라제telomerase라는 효소

염색체 세포가 분열할 때 핵 속에 나타나는 굵은 실타래나 막대 모양의 구조물로 DNA와 단백질로 이뤄져 있다.

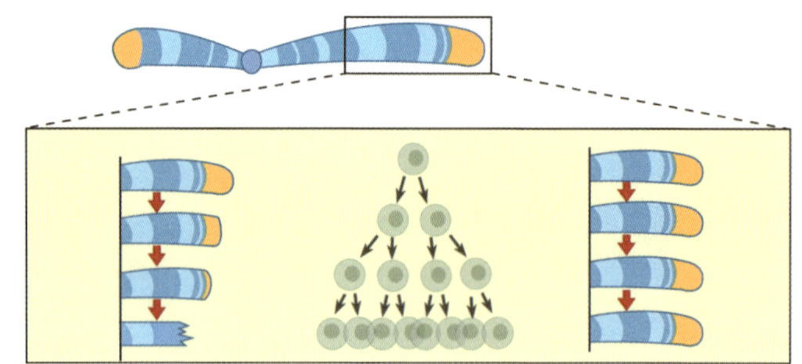

의 유전자도 있다는 것. 이 유전자가 활성화돼 텔로머라제가 만

들어지면 손상된 텔로미어가 복구된다. 텔로머라제는 텔로미어

에 DNA 염기를 붙여 길이를 늘린다. 그럼에도 세포 대다수에서

텔로머라제 유전자의 활성은 대체로 낮다.

그러나 조직 곳곳에 퍼져 있는 성체줄기세포adult stem cell● 같은

곳에서는 텔로머라제의 활성이 꽤 유지된다. 줄기세포가 새로운

세포의 공급원인 이유다. 결국 성체줄기세포의 텔로미어가 점점

짧아지면서 죽어나가는 세포를 메우는 능력이 떨어지면서 우리

는 점점 늙어가고 결국은 죽게 되는 셈이다. 따라서 세포의 텔로

머라제 활성을 높여준다면 세포 노화가 억제될 수 있고 생명체

의 노화도 지연될 수 있을 것이다.

과학저널 〈네이처〉(2011년 1월 6일자)에는 이와 관련해서 흥미

로운 논문이 실렸다. 연구자들은 텔로머라제의 유전자가 고장난

쥐(따라서 조로 현상을 보인다)에게 4-OHT라는 화학물질에 의해

발현이 유도되는 텔로머라제 유전자를 넣어줬다.

다른 쥐들은 한창일 나이에 이미 노쇠해버린 쥐에게 4-OHT

를 주사하자 놀랍게도 쥐들이 젊음을 회복했다. 후각신경세포가

퇴화해 냄새도 잘 못 맡던 녀석들이 세포가 살아나면서 쿵쿵거리고 고환과 비장, 내장의 세포들도 활력을 찾았다.

이들 세포를 자세히 들여다보자 거의 고갈됐던 텔로미어가 텔로머라제의 작용으로 상당히 복원돼 있었다. 연구자들은 "이런 전례가 없는 노화 관련 쇠퇴의 역전은 노화 관련 질환에 대한 텔로미어 회춘 전략이 그럴듯함을 보여준다"고 결론지었다.*

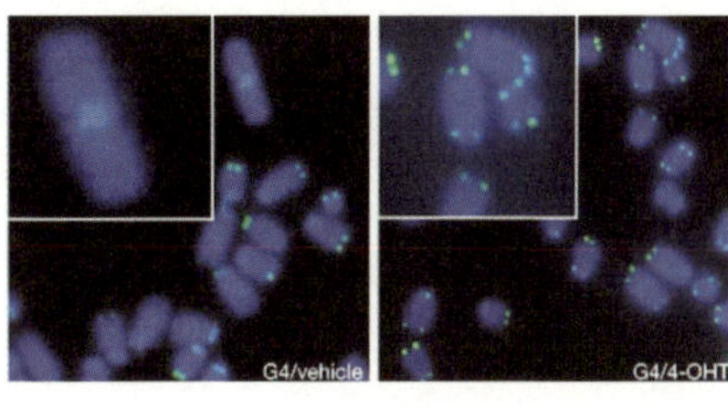

텔로머라제 유전자가 고장난 쥐의 염색체(왼쪽)에는 텔로미어(녹색)가 부실하다. 이때 외부에서 넣어준 텔로머라제 유전자를 활성화시키면 텔로미어가 다시 길어지면서(오른쪽) 세포가 젊어진다(제공 〈네이처〉).

스트레스가 텔로미어 단축 촉진

2, 3년 만에 만난 친구가 그 사이 10년은 늙은 것 같아 놀란 경우가 가끔 있다. 그동안 어떻게 지냈는지 얘기를 들어보면 이런저런 이유로 마음고생이 심했다는 대답을 듣곤 한다. 스트레스가 사람을 늙게 한다는 속설은 많지만 정말 그럴까. 최근 연구 결과를 보면 정말 그럴 뿐 아니라 그 과정에 텔로미어가 개입돼 있을 가능성이 크다.

2011년 3월 온라인 과학저널 〈플로스 원〉에 실린 논문을 보면 만성 우울증 환자의 경우 텔로미어의 길이가 더 짧다고 한다. 짧아진 길이는 평균 281 염기쌍으로 이를 수명으로 환산하면 7년에 해당한다.

즉 만성 우울증에 시달릴 경우 노화가 7년이 빨라지는 셈이다. 또 2010년 같은 저널에 실린 한 논문에 따르면 어린 시절 정신적으로 힘든 경험을 한 성인의 경우 같은 나이의 사람들보다 텔로

황기에서 추출한, 텔로머라제를 활성화하는 물질로 만든 건강식품에 대한 논란에 대해서는 『사이언스 소믈리에』 15쪽 '진시황이 찾았던 불로장생 약초는 바로 이것!' 참조.

미어의 길이가 더 짧다고 한다.

이처럼 텔로미어의 길이가 짧아지는 속도가 환경에 의해 좌우된다는 사실이 속속 밝혀지면서 텔로미어를 '관리'하는 서비스 회사가 나타났다. 2010년 12월 스페인에서 'Life Length'라는 회사가 설립됐고 2011년 3월에는 미국에서 'Telome Health'라는 회사가 문을 열었다.

이들은 고객의 혈액을 채취해 백혈구의 텔로미어 길이를 측정해 '생리적인 나이'를 산출한다. 고객들은 자신의 텔로미어 길이를 토대로 삶의 방향을 다시 설정하게 된다고 한다. 예를 들어 내 나이의 평균보다 텔로미어가 짧다면 나는 좀 더 먼저 각종 퇴행성 질환에 시달릴 가능성이 높다.

커피 한 잔에 4분이라는 식의 영화 〈인 타임〉의 설정은 사실 현실에서도 일어나는 일이다. 최근 한 연구 결과에 따르면 앉아서 TV를 1시간 시청할 경우 움직이며 여가를 보내는 것보다 수명이 22분 짧아진다고 한다. 또 담배를 한 개비 필 때마다 수명이 6분씩 짧아진다고 한다. 결국 우리 역시 시간(목숨)을 지불하고 쾌락을 사는 셈이다.

사실 이런 연구 결과들을 부정하는 사람은 많지 않을 것이다. 다만 영화에서처럼 확정된 게 아니라 통계적 결과이기 때문에 피부에 와 닿지 않을 뿐 아닐까.

발레극 〈홍등〉의 한 장면. 여주인공이 옛 애인과 춤추는 장면이다(사진 중국 국립발레단).

2008년 방한한 중국 국립발레단의 발레극 〈홍등紅燈〉의 기억이 생생하다. 오래전 영화로 본 〈홍등〉(1991년)의 영상미와 주연배우 공리의 연기가 너무나 인상적이어서 당시 연출을 맡은 장이머우張藝謀 감독이 이번 발레극도 연출한다기에 영화 이상의 감동을 기대했다. 정말 무대의 영상미는 기대 이상이어서 출연 무용수들의 춤조차 빛이 바랠 정도였다.

봉건시대의 습속이 여전히 남아 있는 20세기 초 중국 사회를 배경으로 한 〈홍등〉은 영화에서 발레극으로 형식을 바꾸면서 스토리가 좀 더 단순하게 바뀌었다. 나이 많은 부자에게 두 번째 첩으로 팔려간 여주인공은 자신의 운명에 저항하지만 결국 굴복하고 만다.

어느 잔칫날 부른 경극단에서 옛 애인을 발견한 주인공은 다시 사랑을 불태운다. 두 번째 첩이 들어온 뒤 사랑을 뺏긴 첫 번째 첩은 이들의 밀회를 알고 남편에게 고자질한다. 두 사람은 잡히고 여전히 냉담한 남편에 절망해 난동을 부리던 첫 번째 첩까지 매를 맞고 죽는 장면으로 무대의 막이 내린다.

극을 보면서 언어가 아닌 동작이나 복장, 소품으로 스토리와 감정을 표현해야 하는 장르의 한계가 오히려 놀라운 창조성의 원동력이 아닌가 하는 생각이 들었다.

세 여인의 복장만 해도 그렇다. 본부인은 녹색 옷에 녹색 토슈즈이고 첫 번째 첩은 짙은 노란색(주황색조를 띠는), 두 번째 첩은 빨간색이다. 첫 번째 첩을 들였을 때 좌절과 분노를 맛보았을 본부인은 담담히 새로운 사태를 받아들이는데 차분한 녹색이 잘 어울렸다. 자신이 박힌 돌을 빼냈다가 이번엔 뽑힌 신세가 된 첫 번째 첩은 남편의 애정을 잃지 않기 위해 몸부림치고 새로 온 여인을 질투하는데 역시 복장 색상과 잘 어울렸다. 노란 장미의 꽃말이 질투라고 하지 않는가.

그런데 주인공의 빨간색은 다소 마음에 걸렸다. 두 번째 첩이 된 것에 대해 전혀 열정이나 의욕을 보이기는커녕 팔려온 신세를 한탄하는 역할이 아닌가. 왜 장이모우 감독은 슬픔을 표현하는 무채색을 쓰지 않았을까. 그럼에도 유난히 두 번째 첩 역할을 하는 배우에게 더 시선이 갔고 강렬한 인상이 남았다.

미국 로체스터대학 심리학과 앤드류 엘리어트Andrew Elliot 교수 팀이 이런 궁금증을 풀어주는 흥미로운 연구 결과를 〈성격 및 사회 심리학지〉에 발표했다(2008년 11월호). 남자들이 빨간색 복장을 한 여성들을 더 매력적으로 느낀다는 것이다. 동일한 여성이 여러 가지 색상의 옷을 입고 있을 경우 유독 빨간색일 때 매력도가 높게 나왔는데 설문에 참가한 남성들은 차이가 옷 색상뿐이라는 사실조차 몰랐다고 한다. 반면 여성들은 이런 경향을 보이지 않았다.

엘리어트 교수는 영장류 암컷이 배란기가 되면 신체 부위가 붉게 변해 임신이 가능한 상태임을 알리는 것과 관련한 반응일 것이라고 추측했다. 즉 여성에 대한 선호도는 여전히 원초적primitive인 무의식적 판단에 의존하는 셈이다.

결국 장이머우 감독은 첩을 들이는 남자의 시각에서 욕망을 자극하는 효과를 극대화할 수 있는 색상을 택해 여주인공에게 입힌 셈이다. 그래서인지 스토리상으로는 비극적인 운명의 여성을 애도해야 하는데도 머릿속에는 붉은색이 맴도는 아름다운 몸동작의 잔상이 압도하는 게 아닐까.

18

발레리나는 중력을 믿지 않는다

에드가 드가(1834~ 1917)의 〈스타〉

생존해 있는 모던 발레의 거장 롤랑 프티가 안무한 발레 3편이 2010년 여름 국내에서 공연됐다. 국립발레단의 간판인 김주영, 장우정, 윤혜진은 각각 〈아를르의 여인〉, 〈젊은이와 죽음〉, 〈카르멘〉에서 환상적인 몸짓을 보여줬다.

발레하면 왠지 고리타분한 춤이라고 여기는 사람도 있겠지만 발레에는 다른 춤에서는 보기 어려운 '뭔가'가 있다는 게 필자의 생각이다. 그건 아마도 '비현실적인 우아함'이 아닐까.

발레리나는 발끝으로 서서 사뿐사뿐 걸을 뿐 아니라 여러 바퀴를 회전하기도 한다. 이런 동작을 흉내 내는 건 고사하고 발끝으로 서지도 못하는 보통 사람들의 눈에는 경이로운 모습이다. 물 흐르듯이 발레리나가 이동하는 모습(머리 높이가 변하지 않는다) 역시 환상적이다.

"발레리나의 동작은 마치 중력이 작용하지 않는 것처럼 자연스러워야 한다."

예전에 어떤 책에서 읽은 구절이다. 사실 보통 사람도 물이 목쯤 차는 수영장에서는 발끝으로 서서 걷는 동작을 어설프게나마 흉내 낼 수 있다. 부력으로 중력의 효과가 상쇄되기 때문이다.

50세에 직접 발레를 배운 미국 딕킨슨대학의 물리학과 케네스 로스 명예교수는 『춤의 물리학과 예술Physics and the Art of Dance』이라는 책에서 발레가 중력과의 싸움임을 다양한 예와 수식으로 보여줬다.

예를 들어 어른 키 길이의 막대를 세운 뒤 시간에 따라 기울어지는 각도를 계산해보면 처음에 수직에서 0.5도 벗어나 있을 경우 1초 뒤에는 3.7도까지 기울지만, 처음에 2도 벗어났다면 1초 뒤에는 15도나 벗어난다고 한다. 결국 발레리나는 끊임없는 훈련으로 고도의 균형감각을 유지해 중력에 저항하는 셈이다.

독일 슈투트가르트발레단의 수석무용수 강수진은 "하루 연습을 쉬면 본인이 알고 이틀을 쉬면 동료들이 알고 3일을 쉬면 관객들이 눈치 챈다"며 화려해 보이는 발레리나 삶의 이면을 고백했다. 사실 발레 공연을 멀리서 보면 그저 우아할 뿐이지만 가까이에서 보면 댄서들의 얼굴과 목, 어깨는 땀으로 범벅이 돼 있다.

물리학자도 중력을 믿지 않는다?

발레리나가 중력의 '실체'에 저항한다면 일부 물리학자는 중력의 '개념'에 저항하고 있다. 중력은 물리학의 기본 힘이 아니라 다른 기본 힘에서 나온 현상일 뿐이라는 주장이다. 2010년 7월 12일자 〈뉴욕타임스〉에는 이런 진영의 대표 주자로 학회 참석차 미국에 온 네덜란드 암스테르담대학 물리학과 에리크 페를린데Erik Verlinde 교수의 이야기가 실렸다.

페를린데 교수는 끈 이론의 대가로 2010년 1월 「중력의 기원과 뉴턴의 법칙에 대해On the Origin of Gravity and the Laws of Newton」라는 논문을 발표해 주목을 받았다.

물리학자 사이에 이 논문을 두고 평가가 엇갈렸지만 현재 그의 가설을 바탕으로 우주론, 암흑에너지, 우주가속팽창* 등 여러 분야에서 후속 논문이 잇달아 나오고 있다. 페를린데 교수가 제시한 가설의 핵심은 중력이 열역학 법칙*을 따르는 '엔트로픽 힘entropic force'*의 하나라는 것이다.

이 가설이 맞다면 자연계의 기본 힘은 중력, 전자기력, 약력, 강력의 네 가지가 아니라 중력을 제외한 세 가지이고 기본 힘을 통일하려는 노력은 이미 어느 정도 이뤄진 셈이다. 대통일장이론grand unification theory으로 전자기력, 약력, 강력이 통합됐기 때문이다. 즉 이 이론을 적용하면 입자들이 일정한 거리 이하로 가까워질 때 세 힘이 하나로 기술된다. 다만 대통일장이론은 몇 가지 문제점이 있어 아직은 불완전한 이론이다.

아무튼 페를린데 교수에 따르면 아인슈타인을 비롯해 지금까지 수많은 물리학자들이 중력과 나머지 힘을 통합하려고 시도했지만 성공하지 못한 이유도 중력이 기본 힘이 아니기 때문이라는 것이다. 실제로 뉴턴은 물론 아인슈타인도 중력이 '어떻게' 작용하는지를 보여주는 데 그쳤지 중력이 '왜' 이런 식으로 나타나는지에 대해서는 제대로 설명하지 못했다.

페를린데 교수의 논문은 인터넷 사이트에서 무료로 다운받을 수 있다.* 물론 물리학자를 빼면 논문을 이해할 수 있는 사람은 거의 없겠지만. 필자 역시 마찬가지지만 그래도 좀 읽어봤다.

페를린데 교수의 가설은 어느 날 불쑥 나온 건 아니고 1970년대 중반 베켄슈타인Jocob Bekenstein(1947~)*과 호킹Stephen Hawking(1942~)*이 제안한 블랙홀 엔트로피 이론*과 1990년대 제안된 헤라르뒤스 토프트Gerardus't Hooft(1946~)*와 레너드 서스킨트Leonard Susskind(1940~)*의 홀로그래픽 원리holographic principle*에서 출발한다.

둘 다 고급 물리이론이어서 의미를 이해할 수는 없지만 아무튼 이를 기반으로 한 식의 전개를 따라가면 신기하게도 온도와 압력, 엔트로피 같은 열역학 개념에서 뉴턴의 제2법칙(F=ma)은 물론 중력의 법칙도 유도돼 나온다. 결국 중력이 기본 힘이 아니라는 말이다.

저자는 논문 앞부분에서 고분자의 탄성력을 예로 들어 엔트로픽 힘을 설명했다. 단위 분자가 사슬처럼 엮인 고분자는 차량이 수백 대 달린 기차를 떠올리면 된다. 이때 개별 단위 분자는 아무 방향이나 놓일 수 있는데 그 결과 고분자는 구불구불하다. 이를 당겨 일직선으로 만들려면 힘이 들고 놓으면 다시 오그라든다. 이 탄성력이 바로 엔트로픽 힘이라는 것이다.

그런데 이런 힘은 단위 분자 자체와는 관계가 없다. 이들이 사슬처럼 엮였을 때에야 비로소 나타나는 힘이기 때문이다. 이처럼 중력 역시 개별 원자나 매개입자에서 비롯되는 게 아니라 전체 시스템의 차원에서 생겨나는 힘이라는 것이다. 질량이 클수록 엔트로픽 힘이 커 중력도 커진다.

페를린데 교수의 중력 가설이 물리학의 혁명을 가져올지 찻잔 속의 태풍일지는 아직 알 수 없다. 그럼에도 물리학자들은 여전히 미스터리한 존재인 중력의 본질을 다른 관점에서 바라보게 한 그의 아이디어를 높이 평가하고 있다.

"커피 한잔 마시기 위해 잠깐 실례하겠다."

아폴로 11호가 달에 착륙할 때 존슨이 보낸 메세지

PART 4

카페 마키아토

사진 속에 담긴 과학자의 삶

과학의 마키아토

바람도 소리가 있고,

나뭇잎을 움직여 흔적을 남긴다.

모든 존재는 지나간 자리에 흔적을 남긴다.

한 장의 사진 속에 담긴 과학의 마키아토,

과학사에 한 획을 그은

과학자의 생애에 얼룩진 흔적,

우리는 그것을

과학의 마키아토라고 부른다.

19

전설의 과학자 : 제임스 왓슨

2010년 열린 GET 컨퍼런스에서 한 연사가 1953년 DNA 이중나선 구조를 밝힌 직후 모형을 설명하는 프랜시스 크릭(오른쪽 위)과 이를 올려다보는 제임스 왓슨(왼쪽 위)의 모습이 담긴 유명한 사진을 스크린에 비추자 82세인 왓슨(왼쪽 아래)이 사진 속의 크릭을 물끄러미 바라보고 있다. 크릭은 88세인 2004년 사망했다(사진 강석기).

1953년 4월 25일자 〈네이처〉에 실린 2페이지짜리 논문 「핵산의 구조: 디옥시리보핵산DNA에 대한 구조」는 불과 900단어로 이뤄져 있다. 이 짧막한 논문에 실린 내용, 즉 DNA가 이중나선 구조*를 하고 있다는 발견은 오늘날 20세기 과학의 최대 업적으로 평가되고 있다. DNA라는 한 생체분자의 구조가 규명됐을 뿐 아니라 생명 현상에 깔려 있는 가장 핵심이 되는 원리를 밝혔기 때문이다.

과학사에 한 획을 그은 발견을 한 과학자는 영국인 프랜시스 크릭Francis Crick(1916~2004)*과 미국인 제임스 왓슨James Watson(1928~)이다. 당시 크릭은 37세의 늦깎이 박사과정 학생이었고, 왓슨은 바이러스 연구로 박사학위를 받았지만 불과 25세였다. 왓슨이 1968년 펴낸 회고록 『이중나선』을 보면 DNA 구조 발견

과정이 생생하게 묘사돼 있다. 생명과학에 관심이 있는 사람이라면 이 책을 한 번쯤 읽어봤을 것이다.

82세 왓슨의 여전한 과학 사랑

2010년 4월 27일 미국 케임브리지에서 열린 'GET 컨퍼런스'를 취재하기 위해 갔다가 이 자리에 초대된 왓슨을 보았다. 살아 있는 과학자 가운데 가장 유명한 사람인 왓슨을 직접 본, 기억에 남을 하루였다. GET란 게놈Genomes, 환경Envronments, 특성Traits의 머리글자로 외모와 질병 같은 개인의 특성은 그 사람의 게놈과 경험한 환경에 영향을 받은 결과라는 의미를 담고 있다. GET 컨퍼런스는 개인 게놈 시대가 왔음을 선언하는 자리로 왓슨은 개인 게놈을 밝힌 열세 명의 '개척자' 가운데 한 명으로 초대됐다. 왓슨은 2008년 자신의 게놈을 공개했다.

아침 8시부터 저녁 6시 반까지 열린 컨퍼런스 동안 왓슨은 줄곧 맨 앞자리를 지키고 앉아 후학들의 발표를 경청했다. 사회자들이 개척자들을 불러 내 대담을 나누는 오전 행사가 끝나면 자리를 떠날 줄 알았는데 의외였다. 가끔 질문도 하면서 최신 생명과학 분야의 발전을 음미하는 모습이었다. 유머감각도 꽤 있어서 대담을 나눌 때 사회자가 "왜 본인의 개인 게놈을 분석하게 됐냐?"는 질문에 어리벙벙한 표정을 지으며 "기억이 안 난다"고 말해 좌중에 폭소를 일으키기도 했다.

사실 필자는 지난 수년 동안 왓슨에 관해서는 안 좋은 얘기만 들었기 때문에 '업적은 위대했지만 인간성은 형편없는 사람'일

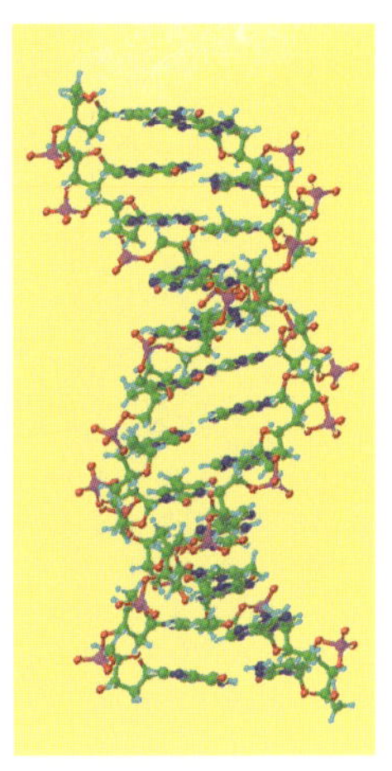

DNA 이중나선

DNA 이중나선(DNA double helix) 유전 정보를 담고 있는 DNA는 선형의 분자 두 가닥이 서로 마주보며 나선처럼 휘감고 있는 구조라서 이렇게 부른다.

프랜시스 크릭 영국의 물리학자, 생명과학자로 1953년 제임스 왓슨과 함께 20세기 후반 최대의 과학 업적인 DNA 이중나선구조를 구명했다. 이 업적으로 이들은 1962년 노벨생리의학상을 받았다. 노년에는 미국 소크연구소에서 신경과학을 연구했다.

거라고 막연히 생각하고 있었다. '통섭'으로 잘 알려진 미국 하버드대학의 생물학자 에드워드 윌슨Edward O. Wilson(1929~)●은 1994년 펴낸 회고록『자연주의자』에서 그가 하버드대학 교수로 부임해 목도한 왓슨의 횡포를 적나라하게 묘사하고 있다. 윌슨은 이 책에서 자신의 명성을 뒤에 업고 기존 생물학자들을 쫓아내고 분자생물학자들을 앉히려는 왓슨의 모습을 통해 그의 생물학에 대한 몰이해를 개탄하고 있다.

2007년 10월에는 왓슨에게 치명적인 사건이 터졌는데 그의 인종차별 발언이 공개된 것이다. 그는 세 번째 회고록『지루한 사람과 어울리지 마라Avoid Boring People』출간에 즈음해 영국을 돌며 강연을 하고 있었는데 인터뷰 도중 '인종과 지성'에 대한 질문에 그만 "흑인은 IQ 평균이 낮고, 경험상 그런 수준 낮은 사람

에드워드 윌슨 미국의 생물학자로 개미 연구에 탁월한 업적을 내놓았다. 많은 과학 책을 썼는데 그 가운데『인간의 본성에 대하여(On Human Nature)』로 1979년에, 『개미(The Ants)』로 1991년에 퓰리처상(논픽션 부문)을 수상했다.

컨퍼런스에서 첫 게스트로 자리에 앉은 제임스 왓슨이 패널로 나온 과학 저술가 칼 짐머(왼쪽)와 방송인 로버트 크룰비치와 대담을 나누고 있다(사진 강석기).

들은 고용해선 안 된다"는 경솔한 발언을 했다. 인터뷰를 한 샤를로트 헌트그루브는 한때 왓슨이 소장으로 있던 콜드스프링하버연구소Cold Spring Harbor Laboratory●에서 연구원으로 있다가 영국으로 돌아가 〈선데이 타임스 매거진〉에 과학 관련 글을 써왔는데 이때 별 생각 없이 왓슨의 발언을 기사에 썼다고 한다. 그런데 편집자가 이 부분을 제목으로 뽑아 기사를 내보내면서 비난이 빗발쳤다.

결국 이어지는 강연 일정이 다 취소됐고 콜드스프링하버연구소는 의장인 왓슨에게 정직 처분을 내렸다. 왓슨은 사과와 함께 진의가 왜곡됐다고 설명했지만 결국 39년간 몸담았던 콜드스프링하버연구소를 떠났다. 크레이그 벤터의 자서전(2007년 출간) 『게놈의 기적』에서도 인간게놈프로젝트Human Genome Project●를 둘러싼 왓슨의 위선과 억지에 대한 벤터의 분노를 곳곳에서 볼 수 있다.

결코 지루하지는 않은 사람

그래도 왓슨인데 뭘 좀 읽어봐야겠다는 생각에 『지루한 사람과 어울리지 마라』(2009년 한국판 나옴)를 사 비행기에서 읽었다. 1928년 출생에서 1976년 하버드대학을 떠날 때까지의 삶을 다룬 이 책을 읽으면서 '왓슨이 그렇게 나쁜 사람일까'라는 생각이 들었다. 물론 말을 다소 함부로 해 남들에게 상처를 주기는 하지만 본질적으로 자신의 삶을 오롯이 과학에 헌신한 진정한 과학자가 아닐까 하는 생각이 들었다.

콜드스프링하버연구소 1890년 미국에 설립된 연구소로 암, 신경생물학, 게놈 등 생명과학 연구를 진행하고 있다. 1968년 왓슨이 소장으로 부임한 뒤 성장을 거듭해 지금은 1년 예산이 1억 4000만 달러에 이르는 거대한 연구기관이 됐다.

인간게놈프로젝트 인간의 게놈을 이루는 DNA 염기 30억 쌍의 서열을 분석하는 초대형 국제 프로젝트다. 1990년 본격적으로 시작됐으며 2000년 인간게놈 초안을 발표했고 2003년 완성을 선언했다. 투입된 연구비가 30억 달러(약 3조 원)에 이른다.

1953년 DNA 이중나선을 발견할 때까지 그의 삶은 『이중나선』을 통해 많이 알려져 있으므로 여기선 그 이후의 삶을 간단히 언급한다. 발견 뒤 왓슨은 3년 동안 미국 칼텍과 영국 케임브리지에서 RNA*의 X선 연구를 하다 1956년 하버드대학에 자리 잡는다. 그는 전령RNA*의 실체를 밝히는 연구를 하면서 고전적인 생물학에 안주하는 생물학과를 변화시키기 위해 동분서주했다.

1968년부터는 쇠락해가는 콜드스프링하버연구소 소장을 겸직하면서 연구소를 오늘날의 위상으로 세우는 데 결정적인 역할을 한다. 그러다 1976년 겸직을 허용하지 않는다는 하버드대학의 방침에 대학을 버리고 연구소를 택한다. 왓슨은 1993년까지 25년 동안 콜드스프링하버연구소 소장을 지냈고 2004년까지는 회장을, 2007년까지는 의장을 지냈다.

왓슨은 1988년 미국 국립보건원^NIH^ 산하 인간게놈연구국 국장을 맡아 인간게놈프로젝트를 이끌었는데, 1992년 신임 NIH 소장 버나딘 힐리^Bernadine Healy (1944~2011)*와의 불화로 사임했다. 유전자 서열을 특허로 등록하려는 힐리의 정책에 반대했기 때문이다. 그럼에도 인간게놈프로젝트에 대한 왓슨의 애정은 여전했고 2000년 6월 백악관에서 열린 인간게놈초안 발표 때도 참석해 자리를 빛냈다. 2007년 차세대 염기서열분석기기 454를 개발한 라이프 사이언시스가 왓슨의 게놈해독을 제안하자 흔쾌히 응해 2008년 자신의 게놈 분석 결과를 〈네이처〉에 공개했다. 2007년 벤터의 게놈이 공개된 이후 개인 게놈으로는 두 번째였다.

RNA 리보핵산(Ribonucleic acid)의 영문 약자다. RNA는 생체 분자로 여러 종류가 있고 유전 정보 전달, 단백질 합성 조절 등 다양한 기능을 한다.

전령RNA DNA의 유전자 정보에 따라 단백질이 만들어질 때 중간에 매개하는 역할을 하는 RNA다.

버나딘 힐리 미국의 생리학자로 존스홉킨스대학 의대 교수를 지냈다. 1991년 미국국립보건원(NIH) 최초의 여성 소장으로 부임했다. 여성 보건 정책을 이끌었고 의학 칼럼을 연재하는 등 언론 활동도 활발했다.

『지루한 사람과 어울리지 마라』는 회고록이면서도 각 장이 끝나는 곳에 '과학에서 배우는 삶의 교훈'이라는 팁이 있어 그의 처세술을 일견할 수 있다. 참고로 왓슨이 생각하는 '지루한 사람'이란 '이미 종신재직권을 얻었기 때문에 더는 독특한 생각을 할 이유가 없는 사람들'이다. 그가 제시한 삶의 교훈 가운데는 '높은 학점을 받을 수 있는 과목을 들어라' 같은 속물적인 조언도 있지만 마음에 와 닿는 내용도 많다.

"일요일에도 일해라. 실험 도중에 정해놓고 쉰다는 것은 우리 뇌의 현실과 맞지 않는 처신이다. 뇌는 이미 성취한 일에 만족하여 더 일하고 싶지 않을 때에만 효과적으로 휴식을 취할 수 있다."

"시대를 앞선 것이 분명한 목표를 선택하라. 남들이 이룬 중요한 발견에 세부사항을 덧붙이는 일을 해서는 중요한 과학자가 될 가망이 없다."

"학생들은 노력의 대가를 스스로 누릴 수 있다고 확신할 때 가장 잘 일한다. 나는 학생들의 실험을 통해 생산된 논문에는 내 이름을 절대로 넣지 말라는 방침을 정하여 학생들에게 지시했다."

"삶을 활기차게 유지하는 최고의 방법은 유명해지지 않은 젊은 동료들하고만 전문적 교류를 나누는 것이다. 젊은이들은 테니스 경기에서 당신을 때려눕힐지는 몰라도, 당신의 뇌를 계속 활동하게 해준다."

휴식 시간에도 사람들에게 둘러싸여 있는 왓슨에게 책을 보여주자 펜을 달라며 손을 내밀었다. 사인을 받으며 1976년 이후를 다룬 다음 책을 낼 생각은 없냐고 묻자 "이제 책은 안 쓴다. 암 연구에만 집중할 것"이라고 말했다.

"성숙이라는 억제력에 구애받지 않는 젊은 과학자들이 젊은 시인들과 마찬가지로 최고의 창조력을 발휘한다."

"트렁크에 넣어둔 골프 가방을 들키는 순간, 주변 사람들로부터 끝없는 놀림을 당하게 된다는 것을 알아야 한다. 자신의 최고 기록, 가령 94타를 넘어서겠노라 집착하는 그 순간 주말 실험은 종친 것이나 다름없다."

"남을 지루하게 만들지 않으려면, 당신부터 지루하지 않은 사람이 되려고 노력해야 한다. 스스로가 지루하게 느껴진다면 위기인 셈이다. 지도자는 참신한 활동이나 사고에 마음을 노출함으로써 끊임없이 스스로를 재편해야 한다."

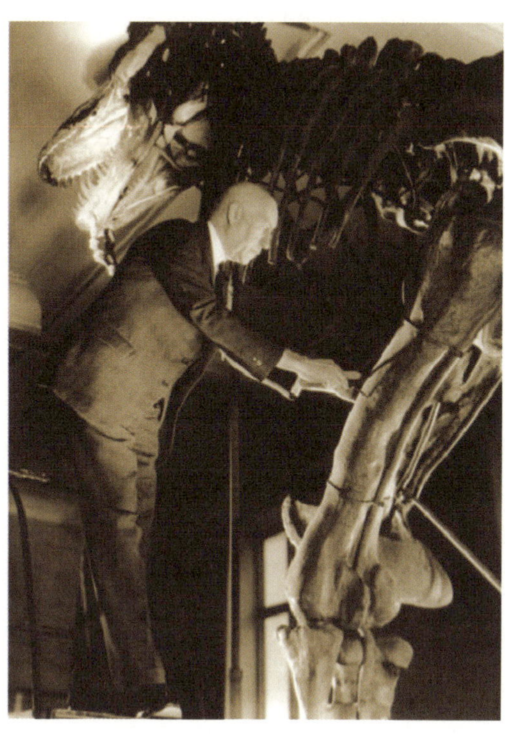

1938년경 바넘 브라운(65세)이 미국 자연사박물관에 전시된 티렉스의 대퇴골을 측정하는 자세를 취하고 있다. 1915년 직립한 형태로 조립된 이 화석은 티렉스에 대한 연구가 쌓이면서 1990년대 해체돼 현재의 자세(머리와 등, 꼬리가 거의 같은 높이)로 재조립됐다(사진: AMNH).

공룡과 결혼한 화석 사냥꾼 : 바넘 브라운

20

과학 분야 가운데 보통 사람들이 가장 흥미를 느끼는 분야는 아마도 고생물학, 그 가운데서도 공룡일 것이다. 공룡의 대명사는 바로 티라노사우루스. 과학저널 〈사이언스〉(2010년 9월 17일자)에는 지난 수년 동안 진행된 티라노사우루스 관련 발견과 연구 현황을 개괄한 리뷰 논문이 실렸다.

논문에서 말하는 티라노사우루스는 우리가 알고 있는 백악기 말기 거대 육식공룡 티라노사우루스 렉스(이하 티렉스)만을 말하는 게 아니라 티렉스가 속한 티라노사우루스 가계家系, 분류학 용어로는 상과上科, superfamily에 속하는 육식 공룡 수십 종의 진화 과정과 상호관련성을 다루고 있다.

논문의 앞부분에는 티렉스의 발견 역사가 간단히 언급돼 있는데 참고문헌을 보면 1905년 〈미국자연사박물관회보〉에 헨리 오스본Henry Osborn (1857~1935)*이 쓴 논문이다. 헨리 오스본은 1891년 미국자연사박물관이 척추고생물학실을 만들며 초대 실장으로 영입한 고생물학자다.

학명 티라노사우루스 렉스Tyrannosaurus rex도 오스본이 지었는데, 폭군을 뜻하는 그리스어 '티라노스tyrannos'와 도마뱀을 뜻하는 그리스어 '사우로스sauros'를 합쳐 속명屬名을 만들었고, 왕을 뜻하는 라틴어 '렉스rex'로 종소명을 지었다. '폭군도마뱀 왕'인 셈이다. 그렇다면 오스본이 티렉스의 화석을 발견했을까.

스물아홉 살에 티렉스 화석 발견

수많은 공룡 화석 전시물로 유명한 미국자연사박물관(AMNH)의 고생물학자 로웰 딩거스Lowell Dingus와 마크 노렐Mark Norell은 2010년 책을 한 권 펴냈는데 책 제목이 『바눔 브라운 : 티렉스를 발견한 남자Barnum Brown: The Man Who Discovered Tyrannosaurus rex』다.

이 책에서 저자들은 티렉스를 비롯해 수많은 공룡뼈를 찾아낸 최고의 '화석 사냥꾼' 바눔 브라운의 삶을 생생하게 재현해놓았다. 저자들은 미국자연사박물관을 공룡 화석의 중심지로 만든 자신들의 선배이자 고생물학계의 전설인 브라운이 잊히는 게 안타까워 책을 쓰게 됐다고 한다.

바눔 브라운은 1873년 미국 캔사스 주 카번데일carbondale에서 태어났다. 그의 부모는 결혼 직후 서부의 광활한 땅을 찾아 동부를 떠나 캔사스 주의 석탄층이 노출돼 있는 곳에 정착하면서 그 지역 이름을 카번데일로 지었다. 브라운은 어린 시절부터 농장 주변의 석탄층에서 다양한 무척추동물 화석을 채집했고 집 안에 '사설' 박물관을 만들어 어른들을 즐겁게 했다고 한다.

그의 부모는 원래 브라운이 농장의 가업을 잇게 하려고 했지만 아들의 꿈인 고생물학자의 길을 가게 돕기로 마음을 바꿨다. 1893년 캔사스대학에 입학한 브라운은 이곳의 고생물학자인 사무엘 윌리스톤Samuel Williston 교수를 도와 1894년 첫 화석 탐사를 떠난다. 현장은 43도가 넘는 악조건임에도 브라운은 열심히 일해 윌리스톤 교수에게 깊은 인상을 남겼다.

1896년, 불과 23세로 아직 학부생인 브라운에게 때 이른 기회가 찾아왔다. 당시 미국자연사박물관 척추고생물학실에 자리 잡은 지 5년째인 헨리 오스본은 다른 박물관에 비해 전시할 만한 화석이 턱없이 부족해 고민하다 대대적인 탐사를 계획하고 사람을 모집하고 있었다. 그의 부탁을 받은 윌리스톤 교수는 브라운을 추천했고 브라운은 그해부터 바로 미국자연사박물관의 탐사대에 참여했다.

1897년 24세의 청년 바눔 브라운. 그는 1년의 절반을 발굴 현장에서 살았지만 옷을 잘 차려입는 멋쟁이였다 (사진 : AMNH).

발굴 첫해부터 공룡 화석을 여럿 발굴한 브라운의 능력에 감탄한 오스본은 수년 뒤 아직 대학도 졸업하지 않은 20대 중반 청년을 탐사대 책임자로 임명했다. 1935년 오스본이 78세로 사망할 때까지 둘은 거의 50년 동안 끈끈한 관계를 유지했다.

원래 오스본의 관심은 신생대의 코끼리나 말의 조상, 즉 멸종한 포유동물에 대한 연구였다. 그런데 미국 북서부의 황야를 탐사하던 브라운이 공룡 화석들을 무더기로 발굴하면서 관심이 공룡으로 옮아갔다. 대중의 관심 역시 공룡이 압도적으로 높았기 때문에 미국자연사박물관 차원에서도 적극 지원했다.

1902년 몬타나 주의 헬크릭Hell Creek 지역에서 코뿔소가 연상되는 백악기 말기 초식공룡(각룡류)인 트리케라톱스의 완전한 화석을 찾기 위해 고전하던(오스본의 강한 압박 때문에) 브라운은 어느 날 뜻밖의 발견을 하게 된다. 그가 오스본에게 쓴 편지를 보자.

"1번 발굴지에서 아직 알려져 있지 않은 거대한 육식공룡의 대퇴골, 치골, 상완골(부분), 척골 3개, 미지의 뼈 2개를 찾았습니다. 백악기 층에서 이런 화석은 본 적이 없습니다. 뼈들은 부싯돌 같은 푸르스름한 사암에 박혀 있어 발굴에 상당한 노력이 들 것입니다."

13년 뒤 미국자연사박물관에서 공개돼 사람들의 뇌리에 '공룡＝티라노사우루스'라는 각인을 새기게 한 세기적인 화석의 발견 현황은 이렇게 간단히 언급돼 있다. 브라운이 1902년 탐사에서 쓴 비용은 275달러(오늘날 가치로 환산하면 약 800만 원)에 불과했다.

오스본은 브라운이 가져온 화석을 토대로 연구를 하고 논문을 쓰면서 전시를 하기에는 뼈 조각이 부족하다며 브라운에게 추가 탐사를 요청했고 브라운은 1905년, 1908년 두 번에 걸친 탐사에서 기적처럼 또다시 많은 티렉스 화석을 찾았다. 그 결과 1915년 티렉스 두 마리가 재탄생해 전시됐다.

아내 잃은 슬픔 잊으려 화석 탐사에 몰두

1년의 거의 절반을 거친 황야에서 생활한 브라운은 옷을 잘 입는 멋쟁이로 여자들에게 인기가 높았다. 그래서인지 1904년 지성과 미모를 겸한 생물학도 매리언[Marion]과 결혼했고 신혼여행 겸 그해 탐사를 같이 떠나기도 했다. 그러나 1910년 매리언이 딸 프랜시스[Frances]와 동시에 성홍렬에 걸려 5일 만에 죽는 비극이 일어났다(딸은 회복됐다).

사랑하는 아내를 잃은 브라운은 딸을 처갓집에 맡기고 캐나다 앨버타로 공룡 화석을 찾아 떠났다. 그 뒤 주변사람들에게서 "그렇게 일하다가는 죽는다"는 소리를 들어가며 미친 듯이 발굴에 몰두했다. 그 결과 미국자연사박물관에는 매년 어마어마한 양의 공룡 화석이 쏟아져 들어왔다.

여기에는 아내가 사경을 헤맬 때 오스본이 보여준 호의도 한
몫했다. 당시 오스본은 브라운에게 이렇게 말했다고 한다.

"매리언이 나을 수만 있다면 이 나라, 아니 세계 어디서라도 전문가
를 불러오시오. 비용은 박물관이 대겠소."

1955년 82세 때 마지막 탐사까지 브라운은 북미는 물론, 남미,
아프리카, 아시아 등 세계 각지의 공룡 화석지를 탐사했고 1920년
대 이후에는 석유회사를 위한 지질탐사도 여러 차례 수행했다. 또
1935년 오스본이 사망한 뒤에는 CBS 같은 방송에도 자주 출연해
나중에는 '미스터 뼈(Mr. Bone)'라는 별명으로 불리기도 했다.

1963년 2월 12일 만 90세 생일을 1주일 앞둔 2월 7일, 저녁을
먹다가 피곤하다고 일찍 자리에 누운 브라운은 깨어나지 못하고
영면했다. 당시 에른스트 마이어Ernst Mayr(1904~2005)*를 비롯한
150여 명의 저명한 과학자들은 그의 90세 생일을 축하하는 대대
적인 행사를 계획하고 있었다고 한다.

이 무렵 그의 후임자인 에드윈 콜버트
Edwin H. colbert(1905~2001)*는 다음과 같
이 말했다.

"우리 박물관에 전시된 북미 공룡 36마리
가운데 27마리가 당신이 모은 겁니다. 누구도
능가할 수 없는 성취이지요."

현재 미국자연사박물관에는 그가 찾아낸 공룡 57마리가 전시
돼 있고 지금도 여전히 그의 화석을 연구하고 있다고 한다.

1925년 결혼한 브라운의 두 번째 아내 릴리언^{Lilian}은 남편과
함께한 탐사 여행을 바탕으로 세 권의 책을 출판했는데 그중
1950년 출간한 책의 제목은 브라운의 삶을 단적으로 보여준다.

『나는 공룡하고 결혼했다I Married a Dinosaur』

2010년 출간된 바넘 브라운의 전기 『Barnum Brown: The Man Who Discovered Tyrannosaurus rex』는 이북으로 사서 읽었다. 단말기 속의 사진은 1904년 탐사에 동행한 브라운의 첫 아내 매리언이 화석을 찾는 모습이다(사진 강석기).

21

인정받지 못한 물리학자 : 리제 마이트너

1909년 베를린대학 내 목공소를 개조한 실험실에 앉아 있는 오토 한과 리제 마이트너 (사진 제공 : 도서출판 양문).

"삶의 내용이 풍부해지려면 결코 가볍게 살아서는 안 된다."

리제 마이트너

수년간 고유가 행진이 이어지면서 원자력 위상이 급변했다. 최근에는 산유국인 아랍에미리트가 우리나라의 원전을 도입하는, 10년 전에는 상상하기 어려운 일도 있었다. 원자력 에너지는 우라늄 핵이 분열할 때 발생한다. 핵분열을 처음 발견하고 이론적 설명을 한 과학자가 바로 오토 한Otto Hahn(1879~1968)과 리제 마이트너Lise Meitner(1878~1968)다.

예전에 어떤 책에서 이들의 이야기를 읽었는데 여러 이유로 오토 한만이 노벨상을 받았다는 내용이었다. 그 책에 실려 있던, 젊은 시절 한과 마이트너가 실험실에 앉아 있는 사진이 인상적이었다. 전형적인 독일인 미남인 한과 건강이 좋아 보이지 않지만 어딘가 매력적인 마이트너는 묘한 대비를 이뤘다.

당시 리제 마이트너에 대해 좀 더 알고 싶다는 생각을 했다. 그런데 우연히 리제 마이트너의 전기를 발견했다. 독일의 작가 샤를로테 케르너가 1995년에 쓴 책인데 독일에서 유학한 방송통신대학 이필렬 교수가 번역해 『리제 마이트너』란 제목으로 2009년 출간했다.

책을 훑어보니 중간에 자료 사진들이 실려 있는데 예전에 본 그 사진도 있었다. 또 다른 사진에서는 흰 가운을 입은 한이 노트에 뭔가를 적고 있고 실험복으로 보이는 흰 원피스를 입은 마이트너가 물끄러미 그 장면을 지켜보고 있다. 앞으로의 운명을 예감하고 있는 듯하다. 책을 통해 알게 된 마이트너의 삶을 간단히 소개한다.

아인슈타인, "우리의 퀴리 부인"이라 불러

마이트너는 1878년 오스트리아 빈에서 태어났다. 아버지가 변호사였지만 당시는 여성의 교육이 제한돼 있었기 때문에 우여곡절 끝에 1901년 스물두 살에야 빈 황립대학교에 들어갈 수 있었다. 당시 이 대학에는 비운의 천재 물리학자 루드비히 볼츠만 Ludwig Boltzmann(1844~1906)*이 교수로 있었는데 마이트너는 볼츠만의 명강의에 감명받아 평생 물리학에 헌신하기로 결심했다고 한다.

1906년(이 해에 볼츠만이 자살했다) 박사학위를 받은 마이트너는 우연히 방사능 분야를 접하게 돼 이쪽으로 연구 방향을 잡았다. 당시 방사능 연구의 최전선에 있던 프랑스 소르본대학의 퀴

오토 한 독일의 핵 화학자로 1913년부터 32년 동안 카이저 빌헬름 화학연구소에서 근무했다. 1918년 리제 마이트너와 새로운 원소 프로탁티늄을 발견했고 1939년에는 프리츠 슈트라스만과 우라늄 핵붕괴 현상을 발견해 1944년 노벨화학상을 단독 수상했다.

루드비히 볼츠만 오스트리아의 물리학자로 통계역학이라는 분야에서 큰 업적을 남겼다. 특히 엔트로피의 개념을 통계역학적으로 수식화했는데 그의 무덤 비석에는 유명한 식 S=klogW가 새겨 있다. 원자가 물리적 실체라는 주장이 받아들여지지 않자 우울해하다가 휴가 중에 자살했다.

1912년 베를린의 카이저빌헬름 화학연구소 실험실에서 리제 마이트너와 오토 한 (사진 제공 : 도서출판 양문).

막스 플랑크 '양자역학의 아버지' 라고 할 수 있는 독일의 저명한 물리학자다. 1900년 물질이 온도에 따라 내는 빛의 파장 분포를 설명하기 위해 '양자' 라는 개념을 도입했다. 무명의 아마추어 물리학자 아인슈타인을 발굴한 장본인이기도 하다.

$E=mc^2$ 질량―에너지등가원리로 불리는 식으로 에너지는 질량에 빛 속도의 제곱을 곱한 값이다. 우라늄 원자핵에서 나오는 막대한 에너지는 핵이 붕괴할 때 줄어드는 질량이 바뀐 것이다.

프로탁티늄(Pa) 원자번호는 91인 회색 금속으로 1918년 발견되기 전부터 그 존재가 예견돼왔다. 우라늄 광물 속에 함유돼 있다.

리 부인에게 가려고 했으나 받아주지 않아 독일 베를린대학의 막스 플랑크Max Planck(1858~1947)•를 찾아갔다. 이곳에서 마이트너는 평생 애증관계를 갖게 될 오토 한을 만났다.

마이트너보다 한 살 아래인 오토 한은 방사능을 연구하던 화학자로 실험에는 능했지만 이론에 약해 함께 연구할 물리학자를 찾고 있었다.

당시 베를린대학 실험물리학연구소는 청소부를 제외한 여성의 출입을 금지했기 때문에(여자 화장실도 없었다고 한다!) 둘은 건물 지하의 목공소를 개조한 실험실에서 연구를 시작했다. 1909년 찍은 위 사진의 배경이 바로 목공소 실험실이다. '뛰어난 화학자와 깊이 파고드는 물리학자'가 만난 이상적인 연구팀은 탁월한 연구 성과를 내기 시작했다. 마이트너는 1909년 한 학회에서 아인슈타인(역시 한 살 아래)을 만났는데 그가 발표에서 소개한 유명한 식 '$E=mc^2$'•을 이때 들었다. 아인슈타인은 마이트너를 높이 평가해 '우리(독일어권)의 퀴리 부인'이라고 불렀다고 한다.

1913년 한은 에디트 융한스란 여성과 결혼했다. 마인트너는 평생 독신으로 지냈는데 누군가가 왜 결혼하지 않았느냐고 묻자 물리학 때문에 "사랑하는 사람을 위해 시간을 쏟을 여유가 없었다"고 대답했다고 한다. 1918년 이들은 방사성 원소인 프로탁티늄(Pa)•을 발견해 유명해졌고 이해부터 마이트너는 카이저빌헬

름연구소의 방사능물리 분과를 이끌었다.

그러나 1933년 나치가 정권을 잡으면서 유대인 피가 섞인 마이트너는 몇 년을 어렵게 버티다 결국 1938년 독일을 탈출해 스웨덴에 정착한다. 그런데 이 무렵 마이트너와 한, 그리고 젊은 화학자 프리츠 슈트라스만Fritz Strassmann(1902~1980)●은 훗날 핵분열로 이어질 연구를 진행하고 있었다.

마이트너가 떠난 뒤 둘은 실험을 계속하며 그 결과를 편지로 알렸는데 1938년 12월 19일 놀라운 현상을 발견했다. 즉 감속시킨 중성자를 우라늄Uranium●에 때리자 질량이 우라늄의 절반인 원소 바륨Barium●이 생성됐던 것이다. 그는 마이트너에게 쓴 편지에서 "당신은 아마 이 실험 결과에 어떤 식으로든 환상적인 설명을 해줄 수 있을 것이다. 바륨으로 분열될 수 없다는 것을 우리는 알고 있다. 어떤 가능성이 있을 수 있는지 한번 생각해보기 바란다"라고 쓰고 있다. 당시 물리 지식으로는 원자핵이 이처럼 쪼개질 수 있다고 상상할 수 없었다.

리제 마이트너는 역시 물리학자인 조카 오토 프리쉬Otto Frisch(1904~1979)●와 함께 이 결과를 해석했는데 분열된 두 핵을 합한 질량이 우라늄 핵의 질량보다 가벼워야 한다는 계산 결과가 나왔다. 마이트너는 이때 아인슈타인의 공식($E=mc^2$)을 적용해 핵분열 과정에서 엄청난 에너지가 나온다는 걸 알았다. 마이트너와 프리쉬는 논문을 쓰면서 이 현상에 세포분열에 쓰인 영어 단어인 'fission(분열)'을 사용했다. 한편 한과 슈트라스만은 독일에서 그들의 발견을 발표해 센세이션을 불러일으켰다.

이때 이미 이들 사이에는 발견과 발표를 두고 미묘한 갈등이 있었고 그 뒤 오토 한은 핵분열 발견에 있어서 마이트너는 물론 슈트라스만의 이름조차 거론하지 않았다. 결국 1944년 한은 우라늄 핵분열을 발견한 공로로 노벨화학상을 단독 수상했다.

사실 마이트너는 프로탁티늄을 발견한 이래 여러 차례 노벨상 후보로 추천됐지만 번번이 무산됐고 핵분열 연구 업적도 인정받지 못한 셈이다. 마이트너는 한 편지에서 "한이 노벨화학상을 수상할 자격이 충분하다는 것은 의심할 여지가 없다"고 하면서도 자신이 한의 연구보조원이었다는 당시 언론보도에 화를 내고 있다.

물론 노벨상이 전부는 아니다. 전쟁이 끝나고 1946년 미국을 방문한 마이트너는 '올해(1946년)의 여성'으로 선정됐고 해리 트루먼 대통령과 만찬을 함께하기도 했다. 또 프린스턴대학, 하버드대학 등 여러 곳에서 명예박사학위를 받았다.

마이트너는 독일로 돌아가지 않고 말년까지 스웨덴에 머물면서 연구를 계속하며 평안한 삶을 보냈다. 그녀는 1968년 가을 90세 생일을 며칠 앞두고 영면했다. 공교롭게도 오토 한 역시 그해 여름 심장마비로 사망했다.

"어둠이 깔린 후 캠프로 돌아오면 항상 관찰한 것을 옮겨 적는 일이 기다리고 있었다. 종종 나는 밤이 꽤 이슥해질 때까지 일을 했다." 제인 구달, 『인간의 그늘에서』(사진 제공 : 지호)

여성이 일반적으로 유머가 있는 남성을 좋아하는 것은 변연계와 신피질이 골고루 발달했다는 증거라고 볼 수 있다. 침팬지 연구로 유명한 제인 구달이 아프리카에서 비행기 사고가 났을 때의 일이다. 그녀는 몸이 불편해 추락한 비행기에서 빠져 나오지 못하는 한 남자를 구하기 위해 어렵게 그에게 다가갔다.

이때 연기가 나는 가운데 꼼짝도 못하고 앉아 있던 남자가 그녀에게 건넨 말은 "당신 여기서 뭐 잃어버린 게 있어요?"였다. 프로이트는 유머를 "사형대 위의 웃음"이라고 했다지만, 제인 구달이 그 남자와 결혼한 것은 위태로운 순간에도 유머를 발할 수 있는 기지에 매료됐기 때문일 것이다.

김종성, 『춤추는 뇌』에서

울산대 의대 김종성 교수가 쓴 책의 본문을 이렇게 길게 인용한 이유는 여기에 등장하는 제인 구달의 이미지가 필자가 평소 생각했던 것과 전혀 다르기 때문이다. 젊은 구달이 긴 팔을 뻗어 침팬지 새끼와 손을 잡으려는 순간을 포착한 유명한 사진을 보노라면 차분하고 동정적인 눈빛(물론 옆모습에서 눈빛이 어떻게 보이냐고 반문할 수도 있겠지만!)에서 왠지 성녀^{聖女}의 아우라를 느꼈기 때문이다.

구달이 침팬지 연구를 위해 아프리카 숲속으로 들어간 지 50년이 넘었다. 반세기를 침팬지 연구에 바친 것이다. 1960년 7월 고등학교 졸업 학력이 전부인 스물여섯 살의 처녀 제인은 탄자니아 곰비 지역의 숲속에서 침팬지를 관찰하기 시작했다. 처음 5개월은 어머니(애칭 밴)와 함께였지만 그 뒤 혼자서(물론 현지인들의 도움이 있었지만) 야생의 침팬지를 관찰했다.

1934년 영국 런던에서 태어난 구달은 어릴 때부터 동물에 관심이 많았다. 열여덟 살에 고등학교를 졸업하고 비서 교육을 받은 뒤 기록영화스튜디오에서 근무하던 스물세 살 때 고교동창으로 아프리카에 살고 있던 마리 클로드 망주의 초청으로 아프리카를 방문해 머물렀다.

구달은 주변의 조언을 따라 마침 케냐의 국립자연사박물관 관장으로 있던 세계적인 인류학자이자 고생물학자인 루이스 리키 Louis Leakey(1903~1972)*를 찾아갔고 그의 조수가 돼 화석 탐사대에서 일한다.

어느 날 리키는 그녀를 불러 "침팬지를 연구할 생각이 없느냐?"고 물었고 이 순간 구달의 인생이 바뀌었다.

친구 따라 아프리카 갔다

구달은 주간과학저널 〈네이처〉(2010년 7월 8일자)에 실린 기고문에서 침팬지 연구 50주년의 소감을 아래와 같이 쓰고 있다.

"쌍안경을 통해 침팬지들이 과일과 잎을 먹는 장면을 바라보면서 그들의 일상에 대한 내 첫 인상을 모으기 시작했다. 이것이 50년 동안 이어질 침팬지 행동 연구와 침팬지에 대한 국제적인 보호, 교육, 홍보, 연구비 모금 활동의 시작이라는 것도 모른 채."

처음 몇 달간은 자신을 피하는 침팬지에 좌절하고 어머니와 말라리아에 걸려 사경을 헤매기도 했지만 결국 침팬지들이 마음을 열면서 구달의 깜짝 놀랄 관찰이 시작된다. 즉 과일이나 벌레

루이스 리키 케냐 출생의 영국 고고학자다. 영국에서 학업을 마친 뒤 케냐로 돌아가 인류 진화를 밝힐 중요한 발굴을 지휘했다. 탄자니아 올두바이 협곡에서 진잔트로푸스와 호모 하빌리스의 화석을 발견했다.

정도를 먹는 줄 알았던 침팬지가 원숭이를 사냥해 뜯어먹는가 하면 흰개미집 구멍에 잎을 떼어낸 나뭇가지를 넣어, 즉 도구를 만들어 흰개미를 먹는 장면도 포착했다.

구달은 개개의 침팬지에 이름을 붙여줬고 세심한 관찰을 통해 그들도 사람처럼 개성personality이 있는 존재임을 다각도에서 증명했다.

구달이 11년 동안 관찰한 것을 바탕으로 펴낸 첫 번째 책 『인간의 그늘에서In the Shadow of Man』는 인간의 위상을 재정립하는 데 있어서 20세기 판 『종의 기원』이라고 할 수 있다.

이 책에서 구달은 인간과 침팬지가 정서나 행동에서 보여주는 수많은 유사점을 예로 들면서 그럼에도 언어 같은 고차원적인 인지능력의 차이도 지적했다. 책의 제목 『인간의 그늘에서』는 "모든 살아 있는 생물 중 가장 뛰어난 지능을 가졌다는 인간만이 침팬지 위로 그늘을 드리울 수 있다"는 은유를 담았다고 쓰고 있다.

최근 구달의 관심은 침팬지 보호 쪽에 더 기운 듯하다. 〈네이처〉 기고문 제목도 「침팬지의 미래를 지키자Securing a future for chimpanzees」로 구달은 "1900년 100만 마리가 넘던 아프리카의 침팬지는 이제 30만 마리도 남지 않았다"며 "30년 뒤 야생 침팬지가 멸종할 거라고 예상하는 사람도 있다"고 우려했다. 사실 구달의 연구가 없었더라면 현재 침팬지의 상황은 훨씬 더 나빴을 것이다.

앞으로 돌아가서 김 교수의 책에 나오는 에피소드는 구달의 두 번째 남편 데릭 브라이슨과의 얘기인데 약간 오해의 소지가 있다.

사실 사고 당시 두 사람은 이미 깊은 연인 사이었으며 둘 다 배우자 문제로, 즉 어떻게 이혼 얘기를 꺼내야 할지 고민하던 상황이었다. 제인은 1961년부터 캠프에 참여한 사진가 휴고 반 라빅과 결혼해 아들까지 둔 상태였고, 그녀보다 열두 살이나 연상인 브라이슨 역시 아내와 장성한 두 자녀가 있었다.

두 사람은 브라이슨이 탄자니아 국립공원 소장으로 임명된 1973년 만나 호감이 애정으로 발전했다. 아무튼 구사일생으로 살아난 비행기 추락사고(1974년)는 두 사람이 운명적으로 맺어져 있다는 확신을 주는 계기가 됐다고 한다. 두 사람의 행복은 1980년 브라이슨의 죽음으로 너무 일찍 끝이 났지만.

제인과 그의 두 번째 남편 데릭 브라이슨. 데릭은 두 번의 비행기 추락 사고에서 살아남았으나 암을 이기지 못하고 1980년 58세를 일기로 세상을 떠났다(사진 제공 : 지호).

23

아마추어이기에 더 위대했던 곤충학자 : 장 앙리 파브르

파브르의 손. 파브르는 아흔 살에 가까운 나이까지 곤충을 관찰하고 각종 실험기구를 직접 제작하며 연구에 몰두했다(사진 제공 : 청년사).

사람들에게 이름을 알고 있는 과학자를 꼽으라고 해보면 어떤 순서로 나올까. 아인슈타인, 뉴턴, 퀴리 부인, 갈릴레오, 다윈. 이런 이름들을 말하다 보면 어느새 곰곰이 생각하는 시간이 늘어날 것이다. 그러다 문득 "아, 파브르가 있었지" 하고 무릎을 치리라. 프랑스의 곤충학자 장 앙리 파브르는 이처럼 보통 사람들에게 아마도 열 손가락 안에 드는 과학자일 것이다.

사실 유명한 과학자라고 해도 일반인이 그 사람의 업적을 제대로 이해하거나 직접 쓴 저서나 논문을 읽어보는 경우는 드물 것이다. 다윈의 『종의 기원』조차 실제로 읽어본 사람은 많지 않을 것이다. 그런데 파브르Jean Henri Fabre(1823~1915)의 『곤충기』는 아마 많은 사람들이 어린 시절 한 번쯤은 읽어보지 않았을까.

파브르의 『곤충기』(프랑스
어판)에 들어간 쇠똥구리와
사마귀의 삽화

수학, 과학 교사로 청춘 보내

나 또한 30여 년 전 어린 시절에 파브르의 『곤충기』를 재미있게 읽고 곤충을 채집하고 기르던 기억이 난다. 쇠똥구리•, 나나니벌• 같은 곤충 이름이 지금도 친숙한 건 『곤충기』 덕분일 것이다. 그런데 성신여대 김진일 명예교수가 총 10권 분량의 파브르의 『곤충기』를 완역하였다. 우리가 어릴 때 읽은 한 권짜리 『곤충기』는 어린이 눈높이에 맞춰 내용을 쉽게 한 것뿐 아니라 분량도 10분의 1로 줄인 축약본이었던 것이다.

'철학자처럼 사색하고, 예술가처럼 관찰하고, 시인처럼 느끼고 표현하는 위대한 과학자'라며 파브르를 소개한 문구에 갑자기 완역 『곤충기』를 읽어봐야겠다는 생각이 들어 먼저 1권을 샀

쇠똥구리 딱정벌레목 풍뎅이과의 곤충으로 짐승의 똥을 공처럼 굴려서 밀고 다닌다. 주로 먹는 먹이는 낙타나 소 등의 초식동물의 똥이다. 똥을 굴려 구덩이에 넣어 그 안에 알을 낳는다. 알에서 부화한 애벌레는 그 똥을 먹고 자란다.

나나니벌 벌목 구멍벌과에 속하는 작은 벌로 나비나 나방의 애벌레를 먹이로 삼는다. 땅을 파서 구멍을 내 둥지를 틀고 그 안에 침으로 마취시킨 애벌레를 두고 알을 낳는다.

다. '진왕쇠똥구리' 얘기부터 시작하는데 너무 재미있으면서도 과학적 깊이도 대단해 깜짝 놀랐다. 이렇게 엄청난 책을 『곤충기』는 아이 때나 보는 책이라고 생각하고 있었다니 나의 무지함이 한심하다는 생각이 들었다.

내친김에 혹 파브르의 전기가 있나 해서 검색해보니 독일의 작가 마르틴 아우어가 1995년 펴낸 『파브르 평전 : 나는 살아 있는 것을 연구한다』(한글판은 2003년 나옴)가 있어 도서관에서 빌려 봤다.

『파브르 평전』의 앞부분에는 흑백 자료사진이 스물두 장이나 있어 무척 흥미로웠는데 그 가운데는 파브르의 손을 찍은 사진도 있다. 노인의 쪼글쪼글한 손을 찍은 이 사진은 내가 어렸을 때도 보고 그 뒤 파브르 하면 떠올랐는데(그러면서도 구체적인 이미지는 떠오르지 않았다) 이 사진을 보니 어릴 적에 본 게 '착각'은 아니었다는 생각이 들었다.

본문을 읽어보고 또 한 번 놀라지 않을 수 없었다. 파브르는 뛰어난 곤충학자이기에 앞서 정말 '위대한' 사람이라는 생각이 들었다. 1823년 남프랑스의 가난한 농부의 아들로 태어난 파브르는 어려운 여건에서도 수학, 물리, 화학을 독학해 교사자격증을 취득해 교사로 봉직했다. 당시 프랑스는 교사 봉급이 형편없던 때라 파브르는 책을 읽으며 현실의 고달픔을 잊곤 했다.

"책 속에 파묻혀서 교직의 구차한 어려움을 잊었다. 어떻게 내 수중에 들어왔는지 알 수 없지만, 곤충학 관련 책들을 읽고 있었다."

파브르가 우연히 읽은 건 당시 곤충학 연구의 권위자였던 레옹 뒤푸르^{Léon Jean Marie Dufour}(1780~1865)•가 노래기벌의 습성에 대해 쓴 책이었다.

"새로운 인식이 계시처럼 내 뇌리를 스치고 지나갔다. 예쁜 곤충들을 코르크 판지로 도배한 상자에 매끈하게 배열해 종을 정하고 분류하는 것만이 곤충학의 전부가 아니었다. 좀 더 큰일이 있었다. 그것은 동물들의 구조, 특히 이들의 특성을 심층적으로 연구하는 일이었다. 가슴이 쿵쾅거리는 것을 느끼면서 책을 읽었다."

즉 곤충학 하면 분류학을 떠올리던 시절에 파브르는 행동학의 중요성을 깨닫고 그 연구를 직접 해보기로 결심했다. 그는 노래기벌의 집에 있는 먹이인 비단벌레•가 죽어 있음에도 몸이 썩지 않는 현상에 대한 뒤푸르의 설명(벌의 독이 방부제 역할을 한다는)에 의문을 품었다. 그는 곧바로 관찰과 실험을 통해 비단벌레가 죽은 게 아니라 벌의 침을 맞고 마비된 상태라는 걸 밝혀 〈자연과학연보〉에 논문을 제출해 학계의 주목을 받았다. 이때가 1855년으로 그는 서른두 살이었다.

이후 파브르는 교사 생활을 하는 동안 틈틈이 곤충 연구를 병행했으나 연구에 충분한 시간을 할애하지 못해 고민했다. 결국 여러 교재를 펴내 상당한 인세를 확보한 파브르는 교사를 그만두고 1879년 세리냥의 알마스라는 외딴 곳에 땅을 사고 정착했다. 이해 56세의 파브르는 『곤충기』 1권을 출간했다.

파브르(앞)와 가족들. 파브르는 곤충을 관찰할 때 자녀들을 공동 연구자로 참여시켜 많은 흥미로운 결과들을 얻었다. 곤충기 곳곳에는 자녀들과 함께한 이야기가 실려 있다(사진 제공 : 청년사).

레옹 뒤푸르 프랑스의 의사이자 아마추어 동물학자. 절지동물에 대한 논문을 232편이나 썼다.

비단벌레 딱정벌레목 비단벌렛과 곤충으로 초록빛 광택이 나는 앞가슴등판과 딱지날개의 빛깔이 아름다워 장식으로 사용됐다. 옥충(玉蟲)이라고도 한다.

그 뒤 파브르는 1907년 모두 10권을 낼 때까지 30여 년 동안 알마스에서 곤충 연구에 몰두했다. 결국 우리가 어린 시절 읽던 『곤충기』는 보통 학자들이라면 경력이 끝날 무렵 시작해 84세의 고령까지 연구에 매달린 결과물의 축약본인 셈이다.

다윈과도 교류해

『파브르 평전』에서 가장 인상적인 곳은 파브르와 찰스 다윈의 교류를 언급한 부분이었다. 1809년 생으로 파브르보다 열네 살 위인 다윈은 평소 파브르의 연구 업적에 깊은 인상을 받아 『종의 기원』에도 소개했다. 특히 1879년 나온 『곤충기』에는 열광적인 반응을 보였는데 결국 파브르에게 연구를 제안하기에 이른다. 그의 편지를 보자.

"곤충이 제집으로 돌아가는 길을 찾아낸다는 당신의 훌륭한 실험과 관련하여 내가 제안하는 것을 허락해주십시오. 나는 전부터 비둘기로 이런 실험을 해보고 싶었습니다."

당시 과학계의 거장에게서 의뢰를 받은 파브르는 감격해서 실험을 진행한 건 물론 그의 편지를 좀 더 명확히 이해하기 위해 영어까지 공부했다고 한다. 그는 1880년, 1881년에 걸쳐 진흙가위벌로 실험을 했는데 그 결과를 다윈에게 편지로 알리려고 하던 찰스 다윈의 사망 소식을 듣는다. 이해(1882년)에 출간한 『곤충기』 2권의 7장은 이렇게 시작하고 있다.

"이 장과 다음 장은 영국의 저명한 박물학자 찰스 다윈에게 편지를 보내려던 내용이다. 그는 지금 웨스트민스터사원에서 뉴턴과 마주 누워서 잠들었다. 그와 오가던 편지에서 나는 그가 암시했던 몇몇 실험 결과를 알려주기로 되어 있었다."

1907년 『곤충기』 10권을 낸 파브르는 84세의 고령에도 연구를 계속하며 11권을 준비했다. 그러나 시력이 약화되고 보행도 힘에 부치는 지경에 이르자 더 이상의 연구를 포기한 채 여생을 보내다 1915년 92세를 일기로 사망했다.

파브르가 남긴 다음의 말은 정식으로 곤충학을 배우지 않았지만 어떤 곤충학자보다도 위대한 관찰자였던 파브르의 면모가 잘 드러난다.

"나는 꿈에 잠길 때마다 단 몇 분만이라도 우리 집 개의 뇌로 생각할 수 있기를 바랐다. 모기의 눈으로 세상을 바라볼 수 있기를 바라기도 했다. 세상의 사물이 얼마나 다르게 보일 것인가!"

24

향기에 매혹돼 아웃사이더가 된 과학자 : 루카 투린

후각수용체가 냄새 분자의 진동을 감지해 냄새를 맡게 된다는 후각의 '진동 이론'을 입증하기 위해 홀로 고군분투한 루카 투린 박사.

2010년 5월 〈케미컬 센스Chemical Senses〉란 학술지에 흥미로운 논문이 하나 실렸다. 은방울꽃향기를 내는 부르지오날bourgeonal 이라는 냄새 분자를 남자가 여자보다 더 잘 맡는다는 내용이다. 이런 게 뭐 논문거리냐 싶지만 후각은 여성이 남성보다 더 민감한 감각이라는 게 통설이고 실제로 이전까지 있었던 남녀 후각 민감도 차이 연구는 모두 여성이 더 민감하거나 남녀 차이가 없다는 결과를 얻었다.

이 학술지의 이름 〈케미컬 센스〉, 즉 화학적 감각은 후각과 미각을 뜻한다. 시각, 청각, 촉각은 물리적 감각이다. 둘의 결정적 차이는 감각 매개체에 있다. 파동이나 압력인 물리적 감각의 매개체는 쉽게 디지털화해 재현할 수 있다. 남아프리카공화국에서 있을 월드컵을 TV로 봐도 (물론 현장의 생생함은 떨어지지만) 정보의 대부분을 얻을 수 있다. 그런데 남아프리카공화국 들판에 있는 토착 야생화의 꽃향기는? 현지에서 아무리 화려한 수사로 꽃

향기를 묘사한다고 해도 시청자는 '감感'도 잡지 못할 것이다. 화학적 감각은 매개체인 '분자'가 직접 코의 후각상피나 혀의 미뢰(맛봉오리)에 닿아야 감지할 수 있기 때문이다.

아무리 IT가 발달해도 화학적 감각의 진정한 재현은 결코 이뤄지지 않을 것이다. 물론 모니터에 냄새 분자가 담긴 작은 병을 수십 개에서 수백 개씩 꽂아놓고 화면에 맞는 냄새를 분사할 수는 있겠지만 이런 어설픈 재현은 금방 싫증 날 것이다. 보통 사람이 구분할 수 있는 냄새만 해도 1만 가지이기 때문이다.

후각수용체 유전자 1000여 개 발견

〈케미컬 센스〉에 실린 논문을 읽다가 문득 루카 투린Luca Turin(1953~)이 떠올랐다. 투린은 후각 메커니즘을 연구한 과학자로 2002년 미국의 저널리스트 챈들러 버가 그의 삶을 다룬 『The Emperor of Scent』라는 책을 펴내 유명해졌다. 2005년 『루카 투린, 향기에 취한 과학자』란 제목으로 한글판이 나왔다. 당시 신문 신간면에 난 소개 기사를 보고 재미있겠다 싶어 책을 산 필자는 책을 읽다가 전율했던 기억이 지금도 생생하다.

필자는 대학원에서 생화학 전공으로 석사과정을 마치고 한 대기업 화장품연구소 향료연구팀에서 근무했다. 순수과학을 하다가 향기를 맡고 외우는 일을 하다 보니 적응이 안 되기도 했지만 한편으로는 감각과 아름다움에 대해 이런저런 생각을 많이 했다.

당시 향기를 좀 더 잘 이해해보려고 후각을 공부하다 보니 후각 분야 자체가 거의 연구되지 않다가 수년 전 놀라운 발견이 있어 많은 미스터리가 풀리고 있던 상황임을 알게 됐다. 놀라운 발견이란 1991년 미국 컬럼비아대학의 린다 벅Linda B. Buck(1947~)• 박사와 리처드 액설Richard Axel(1946~)• 교수가 후각수용체 olfactory receptor• 유전자 무리를 발견한 일이다. 전체 유전자의 3퍼센트에 해당하는 무려 1000여 개의 유전자가 존재해 그동안 무시해왔던 후각이 얼마나 중요한 감각인지를 인식하는 계기가 됐다. 훗날 그 가운데 3분의 1만이 작동하고 나머지는 퇴화한 화석 유전자fossil gene•로 밝혀져 인간의 진화 과정에서 후각의 중요성이 상대적으로 떨어졌음을 보여주기도 했다.

그렇다면 300여 개의 수용체로 어떻게 수만 가지 냄새를 맡을 수 있을까. 린다 벅 박사는 냄새 분자와 수용체 단백질이 열쇠와 자물쇠처럼 짝이 맞으면 서로 결합한다고 설명했다(이를 '형태이론'이라고 부른다). 그리고 냄새 분자가 수용체에 달라붙은 상피세포는 뇌로 신호를 보내고 뇌는 신호 패턴을 해석해 냄새를 인지한다는 후각 메커니즘을 제안했다.

즉 액정 시계 화면이 0에서 9까지 숫자를 표시하는 방식과 같다고 설명한다. 가로 셋, 세로 다섯, 전부 15개의 점(픽셀)으로 이뤄진 화면에서 각 점의 점멸 패턴에 따라 숫자가 인식되듯이, 냄새 분자별로 결합하는 수용체의 종류가 달라 뇌는 그 신호 패턴을 보고 냄새를 인식한다는 것이다. 당시 이런 최신 내용을 접하고 필자는 감탄을 거듭했다. 실제로 벅과 액설은 이 공로로 2004년 노벨생리의학상을 수상했다.

그런데 문제는 실제로 다양한 냄새 분자를 맡아보면 이 이론

린다 벅 미국 텍사스대학교에서 면역학으로 박사학위를 받고 하워드휴스의학연구소 리처드 액설 교수팀에서 일하다 인간게놈에서 후각수용체 유전자 무리를 발견했다. 이 공로로 2004년 액설과 함께 노벨생리의학상을 받았다. 현재 하버드대학의 교수로 있다.

리처드 액설 미국 존스홉킨스대학의 의대에서 박사학위를 받고 컬럼비아대학교와 하워드휴스의학연구소 교수로 일했다. 동료인 벅과 후각 유전자 무리를 발견했다.

후각수용체 콧속 후각상피세포 표면에 분포하는 단백질로 콧속으로 흘러들어온 냄새 분자와 결합해 정보를 신경세포로 보낸다. 사람의 후각수용체는 300여 개로 각각 결합하는 냄새 분자의 종류가 다르다.

화석 유전자 한때는 정상적으로 발현해 단백질을 만들던 유전자가 변이를 일으켜 활동을 멈춘 유전자다. 그럼에도 게놈에는 여전히 존재하기 때문에 '화석'이라는 이름을 붙였다. 진화 과정에서 인류가 직립을 하면서 후각의 중요성이 줄어들자 후각수용체 유전자의 3분의 2가 화석 유전자가 됐다.

이 잘 맞지 않는다는 데 있다. 즉 열쇠와 자물쇠처럼 냄새 분자와 수용체가 작동한다면 구조가 비슷한 분자는 냄새도 비슷해야 할 텐데 그렇지 않은 경우가 너무나 많았다. 게다가 구조는 전혀 다른데 냄새는 비슷한 경우도 꽤 많았다. 당시 필자는 분자 구조를 보고 냄새를 예측하는 연구가 있는지 찾아봤지만 없었다. 결국 필자가 직접 냄새 분자를 그려 펼쳐놓고 뭔가 패턴을 찾으려고 했지만 별 소득이 없었다. 그 뒤 회사를 그만두고 수년간 기자를 하다가 우연히 손에 잡은 책이 바로 『루카 투린, 향기에 취한 과학자』였다.

첫 직장에서 향수에 매료돼

1953년 아버지의 직장이 있던 레바논에서 태어난 루카 투린(국적은 이탈리아)은 프랑스와 스위스에서 자랐고 1982년 영국 유니버시티칼리지런던에서 생리학으로 박사학위를 받았다. 그의 첫 직장은 남프랑스 니스 근처의 빌프랑슈 해양 관측소였다. 니스에서 차로 한 시간 거리에는 향료의 메카인 '그라스Grasse'가 있다. 예전부터 향기에 관심이 있었던 투린은 연구는 제쳐두고 틈만 나면 그라스를 방문해 향수를 수집했다. 결국 그는 1992년 향수 안내서를 펴내 향료업계 사람들의 주목을 받았다.

세계 곳곳의 화장품 회사에 향료를 공급해주는 회사 가운데 하나인 퀘스트사의 향료 연구자들과 친분을 갖게 된 투린은 이들이 후각 메커니즘을 제대로 모른 채 사실상 시행착오를 거쳐 새로운 냄새 분자를 만든다는 사실을 알고 충격을 받는다. 투린은 운 좋

루카 투린 박사가 2008년 펴낸 향수 안내서. 1500여 종의 향수를 소개하고 있다. 투린은 향수의 핵심을 찌르는 놀라운 표현력으로 향수 전문가들에게 경외의 대상이 됐다.

게 유니버시티칼리지런던 해부학과의 강사 자리를 얻었는데 이때부터 본격적으로 후각 메커니즘을 밝히는 연구를 시작했다.

투린 역시 필자처럼 경험을 통해 냄새 분자와 수용체 분자가 마치 열쇠와 자물쇠처럼 꼭 맞을 때 신호를 전달한다는 '형태이론'에 회의적이었다. 대신 한 잡지에서 우연히 읽은 '진동이론'에 끌렸다. 진동이론은 1920년대 멜컴 다이슨^{Malcolm Dyson}이라는 영국의 과학자가 제시한 가설로 후각세포가 냄새 분자의 진동을 감지해 신호를 전달한다고 설명한다. 즉 분자를 이루는 원자 사이의 진동수는 원자의 종류나 화학 결합의 종류에 따라 다른데 후각수용체는 이 진동수를 인식한다는 가설이다.

투린은 독학으로 물리학과 화학을 공부해가며 진동이론을 검증하는 기발한 실험들을 생각해냈다. 그 가운데 하나가 바닐라향이 전혀 없는 구아야콜과 벤조알데히드라는 분자를 섞었을 때 바닐라향이 날 것이라는 예측이다. 이 두 분자의 진동을 합치면 바닐라향이 나는 분자인 바닐린의 진동 패턴이 재현되기 때문이다. 실제로 둘을 합치자 바닐라향이 났다.

책에는 이 밖에 형태이론에는 안 맞지만 진동이론으로는 설명할 수 있는 여러 사례가 나오는데, '이 사람, 정말 천재구만!'이라는 생각에 감탄이 절로 나왔다. 투린은 1995년 연구 결과를 논문으로 정리해 저명한 과학저널인 〈네이처〉에 보냈지만 거의 1년을 끈 끝에 게재가

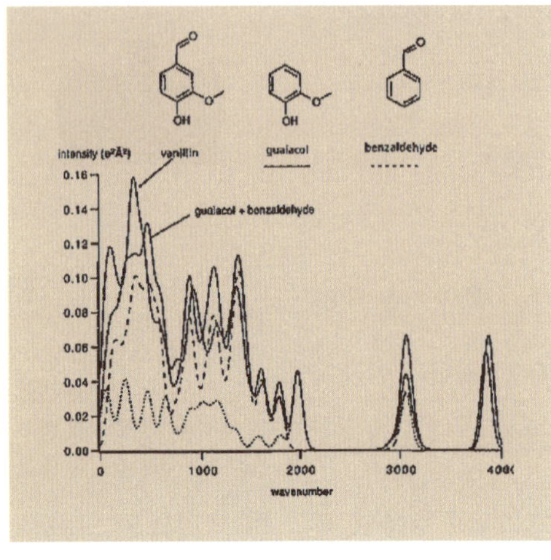

진동이론으로 설명할 수 있는 현상의 한 예. 구아야콜과 벤조알데히드 분자 각각은 바닐라향이 나지 않지만 적절한 비율로 섞으면 바닐라향이 난다. 이들의 진동 패턴을 합치면 바닐라향이 나는 분자인 바닐린과 비슷해지기 때문이다.

거부됐다. 투린이 눈물을 머금고 이 논문을 보낸 저널이 바로 〈케미컬 센스〉다(1996년 9월 30일 출간).

투린의 논문은 후각 연구를 하는 주류에게는 터무니없는 소리라며 외면받았지만 그 뒤 그의 가설을 지지하는 논문이 하나둘 발표되기 시작했다. 2004년 발표된 한 논문에 따르면 분자의 형태보다는 진동수가 냄새의 패턴과 더 밀접한 관계가 있음이 밝혀졌다. 2007년 저명한 물리학저널 〈피지컬리뷰레터스〉에는 투린의 가설이 물리학의 관점에서도 타당함을 입증하는 논문이 실리기도 했다.

물론 2004년 린다 벅과 리처드 액설이 노벨상을 받았고 생리학 교과서에도 이들이 다듬은 형태이론이 후각 메커니즘으로 소개돼 있다. 필자 역시 수년간 향기를 연구한 경험이 없었다면 미국 저널리스트가 쓴 책의 내용을 '과장과 왜곡'으로 폄하하며 넘어갔을 것이다. 그러나 후각에 대해 투린이 품었던 바로 그 의문을 똑같이 생각했고 그의 증거가 상당히 설득력이 있기 때문에 후각 메커니즘이 형태이론으로 명쾌히 밝혀지기는커녕 적어도 여전히 안개 속에 가려져 있다는 생각이다. 그럼에도 교과서에는 버젓이 형태이론이 마치 사실인 것처럼 소개돼 있고 진동이론은 언급조차 없는 걸 보면 과학 역시 누가 '패러다임'을 쥐고 있느냐에서 자유로울 수 없다는 생각이 든다.

현재 투린은 미국 MIT에서 포유동물의 후각계를 재현하는 프로젝트에 참여하고 있다고 한다. 그의 진동이론이 좀 더 확실한 증거를 확보해 교과서에도 실리게 될지 자못 궁금하다.

PART 5

카푸치노

생활 속 과학 이야기

과학의 카푸치노

모자가 달린 진한 갈색의 성직자복을 입었던

카푸친 수도사들에게서 유래한 카푸치노.

신이 생활의 중심이었던 자리에 카푸치노가 있었다.

오늘날 우리 생활 곳곳에 스민 과학 이야기는

그 옛날 카푸치노와 닮은꼴이다.

25

정들었던 백열전구야, 안녕

복고풍 순댓국집 앞에 달려 있는 백열전등의 노란 불빛이 지나가는 사람들의 마음을 훈훈하게 한다. 수년 뒤면 이런 풍경을 더 이상 볼 수 없을지도 모른다(사진 강석기).

지금은 노란 색조의 빛을 내는 제품도 있지만 필자는 형광등의 차가운 불빛을 싫어한다. 어릴 때만 해도 정겨운 노란 불빛을 내는 백열전구가 많았지만 언제부터인가 길쭉한 형광등이 실내 조명을 장악했다.

백열전구는 겨울이 제격이다. 불빛의 색조도 따뜻하지만(심리적) 실제로 열이 많이 나기 때문이다. 어릴 땐 장난 삼아 백열전구 가까이 손바닥을 가져가 그 온기를 느끼곤 했다. 그러다 손이 전구에 닿기라도 하면 "앗 뜨거!" 하면서 손을 빼곤 했다. 백열전구가 이렇게 뜨거운 건 소모하는 전기에너지의 5~10퍼센트만이 빛으로 바뀌고 나머지는 열로 방출되기 때문이다.

백열전구를 발명한 사람은 그 유명한 에디슨^{Thomas Alva Edison}(1847~1931)이다. 1879년 에디슨은 탄화된 실로 만든 필라멘트로 빛을 내는 데 성공했다. 백열전구의 상용화 관건은 필라멘트의 수명이다. 24시간 쓰고 끊어지면 경제성이 없기 때문이다. 1910년 미국의 쿨리지^{William David Coolidge}(1873~1975)●는 텅스텐 필라멘트를 만드는 데 성공해 오늘날과 같은 형태의 백열전구를 만들었다.

지난 100년 동안 산업계 각 분야에 놀라운 발전이 있었음에도 백열전구는 본질적으로 변하지 않았다. 시중엔 빛을 부드럽게 분산시키기 위해 유리에 백색 코팅을 한 제품이 다수지만 그냥 투명한 유리로 된 제품도 있다. 유리 속을 들여다 보면 텅스텐 필라멘트의 정겨운 구조가 선명하다.

LED^{light emitting diode}(발광다이오드)*라는 놀라운 신소재와 에너지와 환경 문제가 세계적인 이슈가 되면서 지난 100년간 밤을 밝힌 백열전구의 시대가 막을 내리려 한다. 최신 LED 조명은 전기에너지의 거의 대부분이 빛으로 바뀌는데다 수명이 20년이나 된다고 한다.

2007년 호주 정부는 세계 최초로 2010년부터 백열전구의 사용을 금지키로 했고 실제로 2011년 모든 백열전구를 시장에서 퇴출시켰다. 2008년 10월에는 EU의 에너지부 장관들이 모여 각국에서 백열전구 판매를 금지할 필요성에 합의했다고 한다. EU는 2012년 9월부터 백열전구 판매를 금지할 계획이다.

우리나라도 보조를 같이 하고 있다. 2012년부터 70와트 이상은 퇴출, 2014년부터 판매를 금지할 계획이다. 사실 이처럼 법적으로 규제하지 않아도 이미 백열전구 수요는 급감했다. 백열전구 국내 판매량을 보면 2000년 5630만 개에서 2010년 240만 개로 급감했다. 불과 10년 만에 판매량이 23분의 1로 준 것이다.

시대착오적인 생각이겠지만 백열전구가 사라지게 된다니 가

쿨리지 미국의 물리학자로 제너럴일렉트릭연구소 소장과 이 회사 부회장을 역임했다. 연구소에 근무하면서 텅스텐 필라멘트를 만들었고 X선 관도 개선해 의료진단장비에 적용했다.

LED 전류를 흘리면 빛이 나오는 반도체다. 어떤 재료를 쓰느냐에 따라 청색, 녹색, 적색 등 다양한 색깔(파장)의 빛이 나온다.

습 한 구석이 쓸쓸해진다. 수년 전 이사할 때 전축과 LP판을 처분했는데 차가운 CD음을 듣노라면 문득 바늘 긁히는 소리가 들리는 LP의 소리가 간절하다. 이건 필자만의 정서는 아닌 것 같다. 최근 유럽에서는 LP 턴테이블을 선물하는 게 유행이라고 하니 말이다.

LP나 진공관vacuum tube●이 기술의 발전에 따라 자연스럽게 CD나 트랜지스터transistor●로 바뀐 것과는 달리 백열전구는 정부 차원에서 법적으로 생산을 중단한다고 하니 더욱 쓸쓸한 운명이다. LP나 진공관은 여전히 찾는 마니아들이 있어 오히려 몸값은 더 올랐는데 백열전구는 생산 자체가 금지되기 때문이다. 아무래도 백열전구가 사라지기 전에 몇 개 사둬야겠다.

진공관 내부가 진공에 가까운 유리관으로 방출되는 전기를 전기장으로 제어해 신호를 정류하고 증폭할 수 있어 전자기기의 부품으로 쓰였다.

트랜지스터 실리콘에 기반한 반도체를 세 겹으로 접합해 만든 전자소자로 진공관의 역할을 대신할 수 있다. 1947년 발명된 이후 급격히 작아지면서 오늘날 전자산업이 가능해졌다.

26

경기가 좋지 않고 기름 값이 비싸다 보니 연탄을 다시 찾는 사람들이 늘고 있다고 한다. 사실 한 세대 전만해도 도시는 연탄, 시골은 나무 장작을 때며 겨울을 났다. 그래서인지 예전에는 겨울만 되면 연탄가스 중독으로 인한 사망 뉴스가 종종 나왔다. 필자만 해도 어린 시절 옆집 사람들이 가스에 중독돼 정신을 잃은 채 구급차에 실려 가던 모습이 기억난다.

연탄가스 중독의 원인은 불완전 연소incomplete combustion•로 인한 일산화탄소(CO) 발생 때문이다. 연탄이 완전 연소될 때 생기는 이산화탄소(CO_2)와 달리 일산화탄소가 위험한 이유는 산소(O_2)와 구조가 비슷하기 때문이다. 호흡으로 허파에 들어온 산소는 혈액 내 헤모글로빈의 헴heme•에 결합해 조직으로 이동해 떨어져 나간다.

헴산화효소가 헴을 빌리버딘으로 분해하는 과정. 중간에 일산화탄소(CO)가 나온다 (자료 제공 : 영국화학회).

불완전 연소 석탄이나 석유 같은 화석연료와 나무 같은 바이오 연료는 탄소와 수소가 주성분인데 연소(산소와의 반응)시키면 물과 이산화탄소로 바뀌면서 에너지가 나온다. 그런데 산소가 부족하거나 온도가 낮으면 연소 반응이 제대로 일어나지 않으면서 그을음이나 일산화탄소가 만들어진다. 이를 불완전 연소라고 부른다.

헴 혈액 내에서 산소를 운반하는 역할을 하는 적혈구에는 헤모글로빈이라는 색소 단백질이 많이 들어 있다. 헤모글로빈에서 붉은색을 띠게 하는 부분이 헴이다. 헴은 도넛처럼 생긴 고리형 분자로 가운데 철 이온이 있다. 호흡으로 폐에 들어온 산소는 헴의 철 이온에 달라붙는다.

빌리버딘 헴이 분해될 때 나오는 대사산물로 체내에서 별다른 역할은 하지 않는다고 생각해왔다. 그러나 최근 항산화효과가 있다는 사실이 밝혀졌다.

그런데 일산화탄소가 있으면 헴에 딱 달라붙어 산소가 결합하지 못하게 한다. 결국 우리 몸은 산소 부족으로 죽는다. 일산화탄소는 색깔도 냄새도 없는 기체이니 더 두려운 존재다.

그런데 우리 몸은 이런 위험한 분자를 스스로 만들고 있다. 헴산화효소heme oxygenase가 헴을 빌리버딘biliverdin•, 일산화탄소, 철이온으로 분해하기 때문이다. 이렇게 만들어진 일산화탄소는 신경전달 과정이나 혈관확장 등에 관여하는 것으로 밝혀졌다. 또 염증 반응을 조절하는 역할도 한다. 따라서 최근에는 일산화탄소를 이용해 조직이식거부반응, 동맥경화, 자가면역질환 등 여러 질병을 치료하려는 시도가 행해지고 있다.

2006년 미국 존스홉킨스대학의 연구자들은 적포도주 속의 항산화물질 레스베라트롤resveratrol이 건강에 도움이 되는 이유를 밝혀냈다. 레스베라트롤이 헴산화효소의 활동을 촉진해 뇌세포를 보호하기 때문이라는 것이다.

2008년 같은 연구팀은 은행잎 추출물이 뇌졸중 후 뇌손상을 줄이는 데 효과적이라는 동물 실험 결과를 의학저널 〈뇌졸중〉에 발표했다. 연구자들은 은행잎 추출물 역시 헴산화효소의 활성을 높여 이런 효과를 낸다고 설명했다.

즉 헴산화효소가 헴을 분해할 때 나온 빌리버딘이 항산화제로 작용하고 일산화탄소는 혈관 확장을 돕고 세포 사멸을 억제하는 효과가 있다는 것이다. 결국 우리 몸이 스스로 만들어내는 일산화탄소는 치명적이기는커녕 건강에 큰 도움이 되는 셈이다.

퇴근길에 와인 바에 들러 레드 와인 한 잔으로 스트레스로 지친 뇌세포에 신선한 일산화탄소를 공급해야겠다.

27

카페인나트륨의 진실

조제 커피의 내부 모습. 인스턴트커피 과립, 프림, 설탕의 순서로 채워져 있다(사진 강석기).

"제가 자주 가는 다방에서 커피 한잔하시죠."

"네?"

며칠 전 회사를 찾아온 손님과 점심을 하고 나서다. 별다방(스타벅스)이란 은어를 안다고 생각하고 농담을 한 건데 '별'자를 빼 먹어서 진짜 다방으로 들은 것이다. 불과 10여 년 사이에 다방에 간다는 게 뜻밖일 정도로 카페가 번창하고 있다.

원두를 즉석에서 갈아 수증기로 뽑아낸 에스프레소 베이스의 커피인 아메리카노, 카푸치노, 카페라테에 맛을 들인 사람들이 점점 늘고 있다. 그럼에도 대세는 여전히 인스턴스 커피, 그중에서도 프림과 설탕이 같이 있어 먹기 좋은 조제 커피(커피믹스란 상품명이 일반명사화됐다)다. 대형마트에서 가장 많이 팔리는 제품이 조제 커피라고 한다.

카제인나트륨,
과연 화학적 합성품인가

프림

최근 배우 김태희 씨와 강동원 씨가 모델로 나오는 조제 커피 신제품 광고가 화제다. "프림 속 화학적 합성품 카제인나트륨을 뺐다"는 문구가 들어간 텔레비전 광고는 식약청에서 광고시정명령을 받기도 했지만 계속되고 있다. 최근 신문광고를 보면 이 제품의 프림에는 카제인나트륨 대신 무지방 우유를 넣었다고 한다. 광고 문구가 말풍선 안에 있는 것도 아닌데 마치 김태희 씨의 말인 것 같아 솔깃해진다.

'카제인이면 우유 단백질인데 그 염salt인가?'

궁금증이 생겨 집에 와서 『식품화학Food Chemistry』이란 책을 들었다. 화학이 전공인 필자는 식품이나 요리의 과학(대부분 화학의 영역이다)에 관심이 많아 수년 전 독일 학자들인 벨리츠Belitz(작고), 그로쉬Grosch, 쉬베를레Schieberle가 쓴 1000쪽이 넘는 분량인 『식품화학』의 영어판을 샀던 것이다. 워낙 설명이 잘돼 있어 식품과 관련해 궁금한 게 있을 때 찾아보는 재미가 쏠쏠하다.

'프림은 콩글리시일테니 크림cream이나 크리머creamer를 찾아봐야 하나……?'

색인에는 크림만 나와 있어 페이지를 찾아 앞뒤를 뒤적거리다 프림 항목을 발견했다. 정식 이름은 뜻밖에도 '커피 화이트너coffee whitener'다. 직역하면 '커피 백화제白化劑' 정도일 텐데 아무래도 이름을 잘못 붙인 것 같다.

10.2 Dairy Products 535

10.2.6 Coffee Whitener

Coffee whiteners are products that are available in liquid, but more often in dried instant form. They are used like coffee cream or condensed milk. A formulation typical of these products is shown in Table 10.28. In contrast to milk products, plant fats are used in the production of coffee whiteners. Caseinates are usually the protein component. The most important process steps in the production are: preemulsification of the constituents at temperatures of up to 90°C, high-pressure homogenization (cf. 10.1.3.4), spray drying, and instantization (cf. 10.2.5).

Table 10.28. Typical formulation of coffee whiteners

Constituent	Amount (%)
Glucose syrup	52.6
Fat	30.0
Sodium caseinate	12.0
Water	3.15
Emulsifiers	1.6
K_2HPO_4	0.6
Carrageenan	0.05
Color and aroma substances	

10.2.8 Cheese

"커피 크림이나 농축우유(연유)처럼 쓴다. 유제품과는 달리 식물 지방을 쓴다. 보통 카제인나트륨이 단백질 성분이다."

이런 간단한 설명과 함께 전형적인 프림 처방이 소개돼 있다. 인터넷 백과사전인 위키피디아도 봤는데 더 볼 게 없다. 다만 프림의 어원을 알 수 있었는데 1952년 나온, 크림 분말과 유당, 우유 단백질을 섞은 크리머의 상표명이 'Pream'이라고 한다. 또 유제품이 아닌 크리머, 즉 우리가 아는 프림은 1958년 처음 나왔다고 한다.

크리머를 개발한 이유는 쉽게 커피를 마시기 위해서다. 우유나 크림, 또는 농축우유는 액체이기 때문에 번거롭다. 따라서 크림을 건조해 분말을 만든 게 크리머인데 문제는 건조를 거치면서 맛이 안 좋게 변하고 가루가 물에 잘 안 녹아 덩어리가 진다는 것이다.

결국 연구자들은 다른 처방을 찾았고 6년 만에 크림지방 대신 식물지방, 유당lactose● 대신 포도당, 우유 단백질 대신 카제인나트륨을 쓰고 몇 가지 원료를 더해 우유의 풍미는 유지하면서도 물에 잘 녹고 냉장 보관하지 않아도 되는 오늘날 프림의 원조를 선보였다. 게다가 재료비는 오히려 덜 들었다.

카제인나트륨은 우유 단백질을 정제한 것

그렇다면 김태희 씨와 강동원 씨를 내세운 신제품의 차별화 포인트, 즉 카제인나트륨 대신 무지방 우유를 썼다는 건 무슨 의미일까. 우유에 산을 넣거나 유산균을 배양해 중성인 우유 용액을 약산성으로 바꾸면 카제인의 용해도가 떨어지면서 침전된다. 카제인은 천연 식품첨가물로 쓰인다. 그런데 이렇게 얻은 카제인의 문제는 물에 잘 안 녹는 점이다. 그래서 생각해낸 공정이 카제인을 수산화나트륨 용액과 같은 알칼리 용액에 넣고 80~90도로 열을 가해 녹이는 것이다. 이 용액을 건조해 분말로 만든 것이 카제인나트륨이다.

카제인의 염salt인 카제인나트륨은 카제인과 달리 물에 잘 녹는다. 이런 추가 공정 때문에 우리나라나 일본은 카제인나트륨을 식품첨가물 가운데 화학적 합성품으로 분류한다. 그런데 사실 대부분의 나라에서 카제인나트륨은 카제인과 마찬가지로 식품으로 분류한다. 단백질을 물에 좀 더 잘 녹이기 위해 약간의 처리를 한 것뿐이기 때문이다.

식품도 산업으로 넘어가면 원료의 품질이 일정하고 가공이 쉬운 것을 선호하기 마련이므로 혼합물(유당과 유청단백질whey protein●이 포함된)인 우유 단백질보다는 정제된 카제인나트륨을 즐겨 쓴

유청단백질 우유에 들어 있는 단백질 가운데 카제인을 뺀 나머지를 유청단백질이라고 부른다. 락토알부민, 락토글로불린, 락토페린 등이 있다.

다. 신제품은 이런 처리가 안 된 좀 더 천연에 가까운 원료(무지방 우유는 카제인이 주성분인 혼합물이므로)를 쓴다는 얘기다. 그런데 이게 큰 의미가 있을까.

필자가 보기에 우유를 천연지수 100, 기존 프림을 0이라고 했을 때 차별화를 강조하는 이 제품은 기껏해야 5나 10 정도가 아닐까 한다. 어차피 프림이라는 게 여러 원료를 섞어서 우유나 크림의 효과를 낸, 한마디로 '손이 많이 간' 제품이기 때문이다. 분유를 타본 사람은 알겠지만 프림처럼 가루가 물에 스르르 녹게 만들려면 유화제 같은 첨가물을 넣지 않고서는 안 되는 일이다.

물론 필자가 기존 프림을 감싸려고 이런 얘길 하는 건 아니다. 기존 회사도 오십보백보인데 프림 포장지에 '식물성'이라고 강조한 걸 보면 알 수 있다. '동물성'보다 '식물성'이 건강에 좋을 것이라는 사람들의 막연한 생각을 이용했기 때문이다.

사실 10여 년 전까지만 해도 과학기자들조차 이런 생각을 철석같이 믿고 있었다. 그래서 버터는 몸에 안 좋으니 식물 기름으로 만든 마가린을 먹으라고 권하곤 했다. 지금 그랬다가는 고소 당할 일이다.

'동물성'보다 '식물성'이 건강에 좋을 것이라는 사람들의 막연한 생각을 이용해 식물성을 강조한 프림 제품.

몸에 좋은 불포화지방산이 많은 들기름

마가린의 식물 기름은 포화지방인 경화유일 뿐

물론 식물 기름은 대체로 동물 기름보다 건강에 좋다. 특히 불포화지방산의 밸런스가 뛰어난 들기름 같은 경우가 그렇다. 그러나 마가린의 식물 기름은 그냥 기름이 아니다. 식물경화유다. 경화유硬化油, 즉 딱딱하게 만든 기름이란 말인데, 영어로는

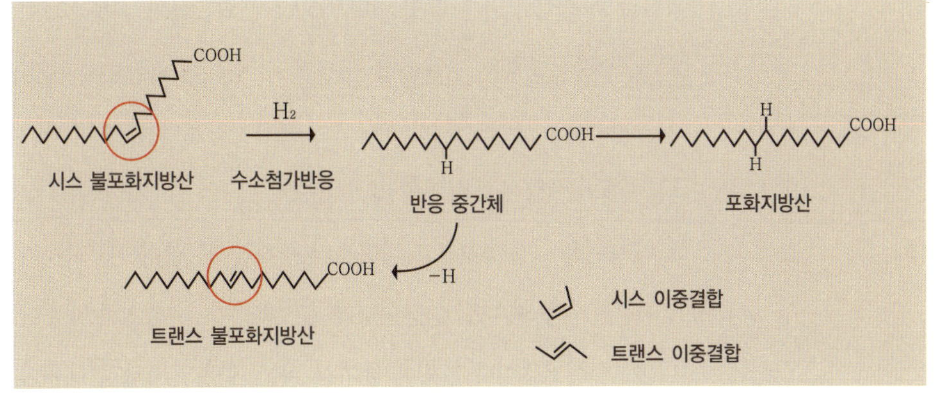

식물 경화유를 만들 때 트랜스 지방이 생기는 메커니즘

'hydrogenated oil'로 직역하면 '수소화된 기름'이다.

즉 지방 분자의 탄소 사이에 있는 시스형 이중결합cis double bond●에 수소를 붙여 단일결합으로 만들어준 것이다. 분자에 이중결합이 있어 수소가 더 붙을 여지가 있는(즉 수소가 아직 포화되지 않은) 지방을 불포화지방, 이중결합이 없어 수소가 더 붙을 여지가 없는(따라서 수소가 포화된) 지방을 포화지방이라고 부른다.

시스형 이중결합이 있으면 분자가 구부러져 제멋대로 움직이기 때문에 상온에서 액체인 반면 막대 같은 구조의 포화지방은 일정하게 배치돼 고체로 존재한다. 또 이중결합 부분은 산소의 공격을 받아 산화되면서 분자가 깨지거나 변형될 수 있지만(이를 산패된다고 한다), 포화지방은 안정하다.

결국 불포화지방이 풍부해 액체인 식물 기름을 화학반응을 거쳐 포화지방이 주성분인 딱딱한 덩어리로 만든 게 마가린이다. 이런 화학반응, 즉 경화 과정을 거치면 어차피 포화지방이 되는 것이므로 그게 식물에서 왔건 동물에서 왔건 의미가 없다. 게다

시스형 이중결합 탄소와 탄소 사이의 결합은 세기에 따라 단일결합, 이중결합, 삼중결합의 세 가지가 있다(뒤로 갈수록 강해진다). 이 가운데 이중결합은 시스형과 트랜스형(trans)의 두 가지가 있다. 시스형은 이중결합 양옆의 결합이 같은 방향을 향하는 경우이고 트랜스형은 서로 반대 방향을 향하는 경우다.

가 이 과정에서 반응이 일어나다가 다시 되돌아가 이중결합이 만들어지는 경우는 트랜스형이 생길 수 있는데(자연에서는 모두 시스형이다) 이 트랜스지방^{trans fat}*이 포화지방보다 몸에 더 나쁘다는 얘기는 많이 들어봤을 것이다.

마가린은 식물성이므로 버터보다 좋다는 게 말이 안 되는 이유다. 필자가 왜 이렇게 장황하게 얘기하는가 하면 기존 제품이나 이번 신제품이나 프림에 들어간 식물 지방이 바로 경화유이기 때문이다. 결국 우유 지방보다 좋을 게 없는 포화지방을 쓰면서(업체에서는 트랜스지방이 전혀 없다고 하니 그 부분은 넘어가더라도) 우린 카제인나트륨을 안 썼다고 하는 쪽이나 식물성을 강조하는 쪽이나 소비자를 무시하기는 마찬가지 아닐까.

트랜스지방 트랜스형 이중결합이 존재하는 지방으로 경화유를 만들 때 부산물로 생긴다. 우리 몸에 해롭기 때문에 최근 규제하는 나라가 늘고 있다.

28

바
둑
천
재
이
창
호
의
비
밀

바둑을 둘 줄 모르는 사람도 이창호라는 이름은 들어봤을 것이다. 현대 바둑의 수준을 한 단계 끌어올렸다고 평가되는 이창호 국수國手(바둑 최고수에게 붙여주는 칭호)는 1989년 불과 열네 살 때 첫 타이틀을 획득한 바둑 천재다. 열한 살 때 프로 기사로 입문해 25년간 바둑계를 풍미한 이 국수가 『이창호의 부득탐승』(2011)이라는 자전 에세이집을 펴냈다.

부득탐승不得貪勝이란 '승리를 탐하면 얻지 못한다'는 뜻으로 위기십결의 하나다. 위기십결圍棋十訣●이란 '바둑을 둘 때 명심해야 할 열 가지 계명'으로 중국 당나라 시대의 왕적신이 만들었다는 설과 송나라 시대의 유중보가 만들었다는 설이 있다. 위기십결의 열 가지 계명을 읽어보면 꼭 바둑만이 아닌 인생의 지혜라는 생각이 든다.

바둑밖에 몰랐던 이창호

바둑 실력이 4급 수준인 필자는 이창호 국수의 오랜 팬으로 한 인터넷서점에 예약 주문해 이 국수의 친필 사인이 있는 책을 받았다! '아, 이런 일도 있었지…….' 옛 추억을 떠올리며 책을 읽다 보니 어느새 자정을 훌쩍 넘어 2시다.

여섯 살 때 할아버지한테 바둑 두는 법을 배운 이창호는 바둑의 재미에 푹 빠졌고 이를 범상치 않게 여긴 할아버지는 자전거에 손자를 태우고 바둑 고수를 찾아다녔다고 한다. 여덟 살 때 전영선 7단의 제자가 된 이창호는 이듬해 스승의 주선으로 당시 바둑 1인자였던 조훈현 9단과 3점 지도대국(100미터 달리기로 치면 이창호는 30미터 앞에서 출발하는 셈이다)을 했는데 1승 1패였고 무슨 생각에서였는지 당시 32세였던 조훈현은 이창호를 내제자로 들이기로 했다.

내제자란 스승의 집에 들어가 숙식을 함께하며 배우는 제자로 당시나 지금이나 유례가 없었다. 결국 이창호는 1990년 열다섯 살에 스승을 꺾고 우승을 했고 이듬해 조훈현은 "더 이상 가르칠 것이 없다"며 7년 만에 제자를 하산시켰다. 속된 말로 '호랑이 새끼'를 키운 셈이다.

이창호 국수는 프로가 된 초등학교 고학년 시절부터 시합에 나가느라 학교 생활을 제대로 하지 못했다고 한다. 그리고 대학은 아예 가지 않았다. 십대 후반부터 한국 바둑 1인자가 된 그는 20대가 돼서는 세계 바둑의 1인자로 올라섰다.

이처럼 바둑밖에 몰랐던 이창호는 어느 날 문득 '사람들은 어

위기십결 ① 욕심 내지 말 것 ② 상대의 경계에 들어갈 때에는 기세를 누그릴 것 ③ 공격하기 전에 자기의 결함을 살필 것 ④ 버릴 것은 버리고 선수를 잡을 것 ⑤ 작은 것은 버리고 큰 것을 노릴 것 ⑥ 달아나도 잡힐 것은 버릴 것 ⑦ 함부로 움직이지 말 것 ⑧ 급을 보아서 응수할 것 ⑨ 상대가 강하면 수비에 힘쓸 것 ⑩ 고립되었을 때에는 화평책을 쏠 것.

떤 생각을 하면서 살아갈까' 하는 의문이 들었고 그 뒤로 책과 신문을 가까이했다. 그는 "물론 득과 실은 함께 온다. 바둑만을 생각하지 않게 되자 바둑 그 자체에 대한 몰입과 집중은 다소 떨어졌지만, 내 삶에 있어서의 바둑, 바둑 밖의 인생, 그리고 결국 바둑으로 통하는 길에 대해 숙고할 수 있는 계기가 됐다"고 서술하고 있다.

패턴을 알면 바둑이 보인다

이창호 국수는 최근에 읽은 기억에 남는 책으로 루트번스타인 부부가 쓴 『생각의 탄생』을 언급했다. 2007년 한글판이 나온 이래 스테디셀러가 된 이 책은 '창조성을 빛낸 사람들의 13가지 생각 도구'라는 부제가 알려주듯 소위 천재들이 지닌 창조성의 비밀을 13가지 생각의 방식으로 해석하고 있다. 즉 관찰, 형상화, 추상화, 패턴 인식, 패턴 형성, 유추, 몸으로 생각하기, 감정이입, 차원적 사고, 모형 만들기, 놀이, 변형, 통합이 그것이다.

사실 『생각의 탄생』을 읽다 보면 '천재가 되려면 학교부터 때려치워야 되는 거 아닌가' 하는 생각이 들 정도로 우리나라의 교육환경은 '창조성 없는 인재'를 만드는 데 전문화된 곳이라는 걱정이 든다. 이창호가 바둑 천재가 된 것도 정규 교육을 받지 않아서이지 않을까.

아무튼 이 국수는 이 책에 나오는 특히 네 가지 생각 도구, 즉 패턴 인식, 패턴 형성, 유추, 통합이 바둑을 두는 데도 중요한 요소라고 말한다. 즉 "패턴 형성에서 인상적인 것은 결합되는 요소

들의 복잡성이 아니라 그 결합 방식의 교묘함과 의외성"이라는 구절이나 "더 많은 패턴을 발명해낼수록 우리는 더 많은 실제 지식을 소유하게 될 것이고 우리의 이해는 더욱 풍요로워질 것"이라는 말에 십분 공감하고 있다.

또 '닮지 않은 사물 사이의 기능적인 닮음'을 뜻하는 '유추'에 대해서도 "새로운 수의 출현으로 변형되는, 그러나 본질적으로 닮을 수밖에 없는 정석의 개량 형태에 관한 설명이라고 해도 전혀 어색하지 않다"고 언급했다.

이 국수는 알고 있을지 모르겠지만 사실 바둑이나 장기(또는 체스)의 고수들은 패턴 인식과 형성에 능한 사람들이라는 연구 결과가 이미 1960년대에 나왔다. 인공지능의 창시자인 미국 카네기멜론대학의 허버트 사이먼Herbert Alexander Simon(1916~2001) 교수는 그의 명저 『인공 과학의 이해The Sciences of the Artificial』에서 체스 고수의 패턴 인식 능력을 보여준다.

즉 게임이 진행 중인 체스 판 위의 말을 5초 동안 보게 한 뒤 빈 체스 판에 위치를 복원해보라고 하면 초보자는 전혀 감을 못 잡지만 고수들은 거의 완벽하게 위치를 맞춘다고 한다. 흥미로운 사실은 판 위에 임의대로 말을 올려놓은 뒤 똑같은 실험을 하면 초보자나 고수나 똑같이 못 맞춘다. 결국 체스 고수는 사진을 찍듯이 판 위 말의 위치를 외우는 게 아니라 게임이 진행되면서 그렇게 놓이게 된 패턴을 인식한다는 말이다.

사이먼 교수는 "체스 대가의 장기 기억 속에 축적된 유사한 조합의 수는 총 5만 가지"라며 "5만 가지의 각기 다른 항목 사이의 독특한 특징을 검색하는 체계는 아주 빠르게 그것의 독특한 특징을 구별해낼 수 있다"고 주장했다. 체스 대가 한 사람이 50명과 동시에 시합을 할 수 있는 이유다.

이 정도의 패턴을 익히려면 1만 시간을 투자해야 한다는 게 사이먼 교수의 주장으로 어떤 분야에서건 대가가 되려면 예외는 없다. 하루 네 시간을 들인다면 10년간의 노력이 필요하다. 이창호 국수는 불과 열네 살 때 대가가 됐지만(첫 우승) 사실 이때 이미 바둑에 1만 시간 이상을 투자했을 것이다. 실제로 조훈현 국수의 부인은 "깊은 한밤중에도 창호의 방에서는 어김없이 바둑돌 놓는 소리가 들려왔고 이따금씩 새벽에 잠에서 깨어도 그 소리를 들었다"고 그의 내제자 시절을 회상했다.

바둑은 아직 사람이 한참 고수

사실 인공지능의 목표는 사람과 같은 고도의 패턴 인식 능력을 갖는 것인데 아직도 갈 길이 멀다. 미국 IBM의 슈퍼컴퓨터 '딥블루Deep Blue'●는 1997년 당시 12년째 체스 세계챔피언 자리를 지키고 있던 게리 카스파로프Garry Kasparov(1963~)●와의 대국에서 승리해 사람들을 경악케 했다. 그러나 딥블루는 엄청난 연산 속도로 가능한 모든 경우의 수를 시도해보고 최선의 답을 얻는 방식으로 작동했다.

체스에 비해 바둑은 경우의 수가 훨씬 많다. 따라서 이런 식으로 작동하는 컴퓨터 프로그램이 이창호 같은 고수를 이길 날은 요원하다. 현재 최고의 바둑 프로그램은 북한이 개발한 '은별'로 실력이 필자보다 조금 나은 수준이라고 한다. 아무튼 인류가 만든 최고의 두뇌 게임이라는 바둑에서 기계에 지게 생겼으니 약간 속이 상한다. 틈틈이 '패턴'을 익혀 실력을 쌓은 뒤 은별과 한 판 붙어봐야겠다.

과학저널 〈네이처〉의 2011년 11월 3일자와 동년 12월 1일자에는 각각 스티브 잡스와 존 매카시의 삶을 회고하는 글이 실렸다(사진 김인규).

컴퓨터가 일반적인 지능을 갖게 되기를 원한다면,

그 외형적 구조는 상식적인 지식과 추론이 되어야 한다.

존 매카시

아이폰4S의 인공지능 비서 소프트웨어 '시리'

2011년 10월 4일(미국 시간) 애플사가 아이폰4S를 발표하자 사람들은 실망감을 감추지 못했다. 아이폰5를 기대했는데 애플의 신임 최고경영자(CEO) 팀 쿡이 아이폰4에서 별로 나아진 것도 없어 보이는 모델을 들고 나왔으니 그럴 만도 했다. 아이폰이나 아이패드를 극적으로 소개하던 스티브 잡스의 모습이 떠오르지 않을 수 없었다.

그런데 그 다음 날 스티브 잡스Steven Paul Jobs(1955~2011)*의 사망이 발표되면서 상황은 반전됐다. 아이폰4S가 잡스의 유작이 되면서 예약이 폭주한 것이다. 그리고 얼마 지나지 않아 아이폰 4S에서 선보인 새로운 기능인 '시리Siri'가 화제가 되기 시작했다. 인공지능 비서 소프트웨어인 시리를 경험해본 사용자들은 기존의 음성 인식 소프트웨어와는 차원이 다른 '대화 능력'에 경탄하면서 잡스의 마지막 선물이라며 칭송하기 시작했다.

사실 시리는 2007년 설립된 동명의 회사에서 개발한 소프트웨어로 2010년 봄 애플은 이 회사를 샀다. 원래 시리는 이 소프트웨어를 안드로이드폰이나 블랙베리에도 쓸 수 있게 한다고 발표했으나 애플에 인수된 뒤 이 계획은 취소됐다. 아이폰4S 사용자들은 잡스 '덕분에' 인공지능 비서를 둘 수 있게 됐지만 다른 스마트폰 사용자들은 잡스 '때문에' 인공지능 비서를 갖지 못하게 된 셈이다.

월터 아이작슨이 쓴 전기 『스티브 잡스』를 보면 잡스도 시리가 어느 정도 똑똑한지는 잘 몰랐던 것 같다. 2011년 초 암이 재발해 병가를 낸 잡스는 병이 악화되자 2011년 8월 24일 CEO 사임을 발표하기 위해 오랜만에 회사를 찾는데 이 자리에서 시리를 처음 사용해본다.

"너는 남자인가 여자인가?" (잡스)

놀랍게도 앱(시리)은 로봇 목소리로 대꾸했다.

"나는 성별을 부여받지 않았습니다."

잠시 방 안 분위기가 밝아졌다.

매카시의 인공지능 프로그래밍 언어, '리스프'

잡스가 사망하고 19일이 지난 2011년 10월 24일 미국의 한 컴퓨터 과학자가 84세로 세상을 떠났다. 미국의 언론들은 대부분 이 소식을 전했지만 우리나라에서는 보도한 곳이 없는 것 같다. 잡스가 한 살 때인 1956년 처음 '인공지능artificial intelligence' 이라는 용어를 만들어 사용한 존 매카시다.

1927년 미국 보스턴에서 태어난 존 매카시John McCarthy(1927~2011)는 고등학교 때 대학 수학을 혼자 공부해 대학(칼텍)에 들어가서는 곧바로 3학년 강의를 들었다고 한다. 1948년 우연히 위대한 수학자이자 컴퓨터 설계자인 존 폰 노이만John von Neumann(1903~1957)*의 강연을 듣게 된 매카시는 인간의 지능을 기계에 모델로 적용하는 데 관심을 갖게 됐다.

1956년 다트머스대학의 수학과 교수로 있던 그는 '다트머스 인공지능 연구 프로젝트'를 기획했다. 열 명의 과학자가 두 달 동안 참여한 이 프로젝트는 진짜 지능을 갖춘 기계를 만들어내는 과제를 해결할 방안을 제시하지는 못했지만 컴퓨터 과학에서 인공지능이 하나의 연구 분야로 자리 잡게 되는 계기가 됐다.

1958년 매카시와 동료들은 '리스프LISP'라는 프로그래밍 언어를 개발했다. 리스프는 리스트 처리 언어list processing language의 약어다. 리스프는 일반 문장 구조뿐 아니라 수식도 괄호로 묶어 리스트 형식으로 표현할 수 있기 때문에 프로그램 개발

존 매카시

존 폰 노이만 헝가리 태생의 미국 수학자, 컴퓨터과학자다. 1945년 발표한 논문에서 내장 프로그램의 개념을 제안해 컴퓨터의 발전을 혁신시켰다.

인공지능 냉장고, 인공지능 가습기 등 이제 인공지능 가전제품은 생활 속 곳곳을 차지하고 있다. 사진은 인공지능을 강화한 로봇청소기.

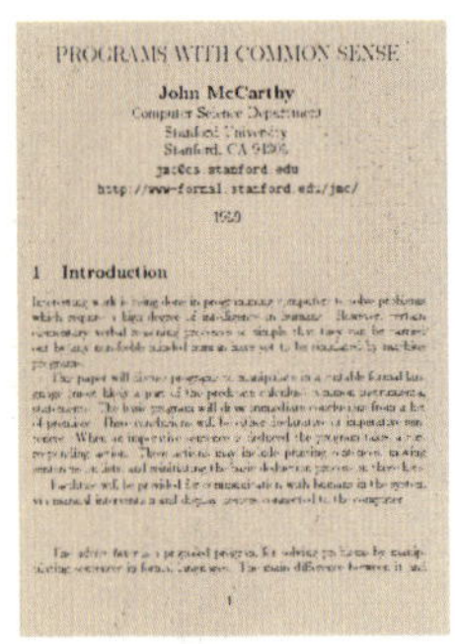

존 매카시가 1959년 발표한 논문 「상식을 지닌 프로그램들」. 인공지능 프로그램이 가야 할 길에 대한 매카시의 비전이 담긴 논문이다.

자들이 애용했고 특히 인공지능 프로그램 개발에 유용하게 쓰이고 있다.

1959년 매카시는 그를 유명하게 만든 논문 「상식을 지닌 프로그램들Programs with Common Sense」을 발표했다. 그가 일생을 바쳐 추구해온 '인간과 같은 지능을 갖춘 기계를 만드는 일'에서 핵심이 바로 상식이라는 애매한 개념에 수학적 정밀성을 적용하려는 노력이었다.

논문에서 그는 집에서 책상에 앉아 있는 한 사람이 공항에 가야 하는 상황을 설정한다. 집에는 자동차가 있다. 따라서 책상에서 차까지는 걸어가고 공항까지 차를 타고 간다는 게 상식적인 '공항 가는 법'이다. 문제는 이런 상식적인 해법을 찾아낼 수 있는 프로그램을 어떻게 만드느냐는 것이다.

매카시는 '정신박약이 아니라면 누구나 수행할 수 있을 만큼 단순한 어떤 초보적 언어 추론 과정을 수행할 수 있는 기계'를 만든다는 목표를 평생 추구했지만 인공지능의 개발은 애초에 생각했던 것보다 훨씬 어려운 일이었다. 시리 같은 프로그램이 나와 있지만 이는 매카시가 목표로 했던 것보다는 한참을 못 미치는 수준이다. 물론 시간이 지날수록 인공지능 프로그램들이 점점 더 세련되어지면서 우리를 즐겁게 할 것이다.

우리나라에서는 아직 시리가 그다지 화제에 오르지는 않고 있다. 한국어 서비스가 되지 않기 때문이다. 2012년 봄 한국어 서비스가 시작돼 많은 사람들이 비서를 두게 됐을 때 잡스에게만 고마워하지 말고 한 번쯤 매카시도 기억했으면 한다.

30 한국 여자들의 화장법 : 확장된 표현형

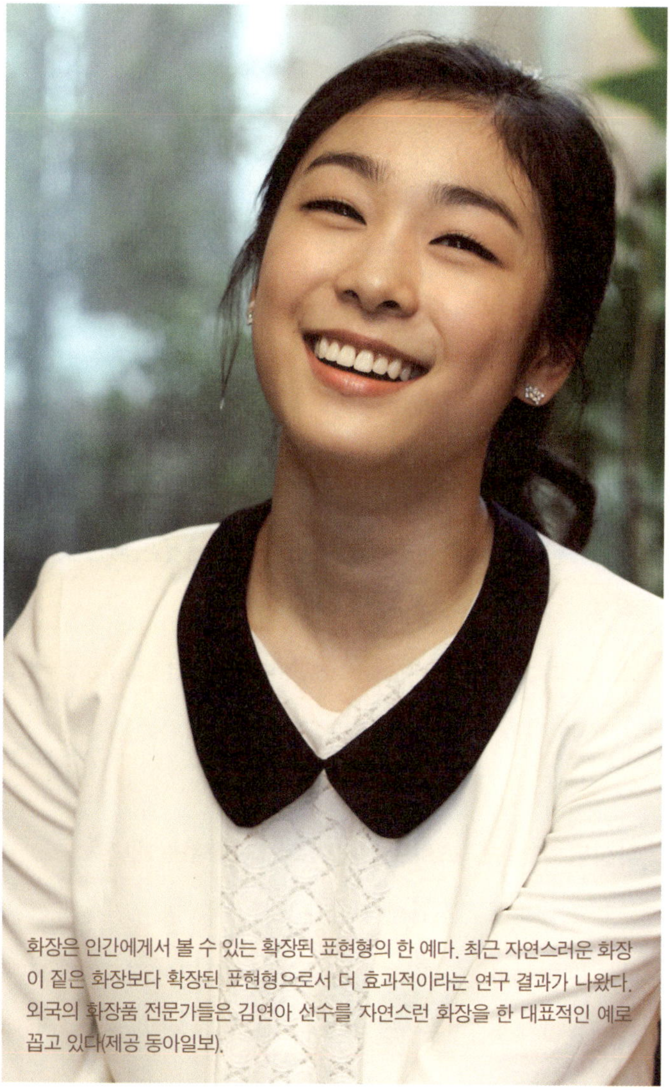

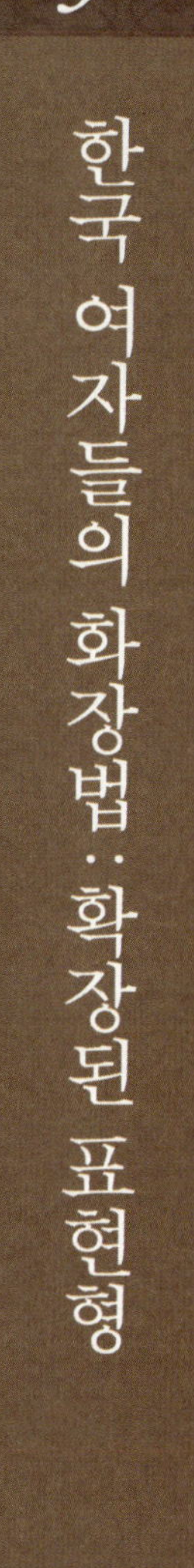

화장은 인간에게서 볼 수 있는 확장된 표현형의 한 예다. 최근 자연스러운 화장이 짙은 화장보다 확장된 표현형으로서 더 효과적이라는 연구 결과가 나왔다. 외국의 화장품 전문가들은 김연아 선수를 자연스런 화장을 한 대표적인 예로 꼽고 있다(제공 동아일보).

매미나방gypsy moth의 애벌레는 정떨어지게 생겼지만 알고 보면 꽤 똘똘한 녀석이다. 낮에는 새에게 잡아먹히지 않으려고 나무줄기에 숨어 있거나 아예 땅으로 내려와 은거해 있다가 어둠이 내리면 나뭇가지에 매달린 잎을 갉아먹기 때문이다.

매미나방 애벌레는 바큘로바이러스에 감염되면 번데기가 되지 않고 몸집만 커지다가 결국 나무 꼭대기에 올라가 몸이 녹아내려 죽는다. 바이러스의 확장된 표현형으로 볼 수 있는 이런 행동을 유발하는 바이러스의 유전자를 최근 밝혀냈다(제공 : 〈사이언스〉).

바큘로바이러스 짤막한 막대 모양의 바이러스로 DNA 이중나선 게놈을 갖고 있다. 종류에 따라 600종이 넘는 무척추동물에 감염하는데 주로 곤충이 대상이다.

egt유전자 곤충 탈피 호르몬인 20E를 파괴하는 효소인 EGT의 정보를 담고 있는 유전자다.

멘델 오스트리아의 성직자로 수도원 정원에서 완두 교배 실험을 통해 유전 법칙을 발견했다. 논문까지 발표했으나 주목받지 못했고 그의 사후 20년이 지나 다른 과학자들이 비슷한 실험 결과를 내놓고 멘델의 연구를 알게 되면서 재조명을 받았다.

그런데 바큘로바이러스^{baculovirus}•에 감염된 애벌레는 특이한 행동을 보인다. 바이러스가 온 몸에 퍼지면 몸이 녹아내리며 애벌레가 죽는데 죽기 전에 나무 꼭대기로 올라가는 것이다. 애벌레가 더 높은 곳에서 죽을수록 몸에서 빠져나온 바이러스가 다른 애벌레로 퍼질 확률이 올라간다.

미국 펜실베이니아주립대학 곤충학과 켈리 후버 교수팀은 애벌레에서 이런 행동 변화를 일으키는 바이러스의 유전자를 밝혀 과학저널 〈사이언스〉(2011년 9월 9일자)에 발표했다. 즉 바큘로바이러스의 egt유전자•가 애벌레의 20E라는 탈피호르몬을 못 쓰게 만든다는 것이다. 그 결과 애벌레는 번데기가 되지 못하고 계속 몸집을 키우다가 결국에는 몸이 녹아내려 죽게 된다.

이 논문의 제목은 「A Gene for an Extended Phenotype(확장된 표현형 유전자)」다. 확장된 표현형이란 무엇일까.

확장된 표현형, 리처드 도킨스가 생각해낸 개념

중고교 시절 생물 시간에 멘델의 유전법칙을 배우면서 표현형이라는 말을 들어봤을 것이다. 어떤 완두는 표면이 매끄럽고 어떤 완두는 표면이 쭈글쭈글하다. 또 어떤 완두꽃은 빨간색인 반면 어떤 꽃은 흰색이다. 이처럼 생물체에서 겉으로 드러나는 특징을 표현형이라고 한다. 그레고르 멘델^{Gregor Johann Mendel}(1822~1884)•은 완두의 교배 실험을 통해 이런 대립되는 표현형이 일정한 비율로 일어난다는 사실(이를 '멘델의 유전법칙'이라고 부른다)을 밝혀 해당 표현형을 갖게 하는 유전자의 존재가 있음을 암시했다.

'확장된 표현형'이란 말은 영국의 생물학자 리처드 도킨스 Clinton Richard Dawkins(1941~)가 1982년 펴낸 동명의 책(『The Extended Phenotype』)에서 사용한 용어다. 1976년 『이기적 유전자』를 출간해 세계적인 주목을 받은 도킨스는 그 속편으로 『확장된 표현형』을 저술했다. 그는 이 책에서 이기적 유전자가 미치는 영향이 그 유전자를 지니는 생물체를 너머 주변 환경이나 심지어 다른 생명체에까지 영향을 미쳐 결과적으로는 유전자의 생존과 확대에 도움이 되는 현상을 기술하기 위해 확장된 표현형이라는 개념을 생각해냈다.

바큘로바이러스에 감염된 매미나방 애벌레가 보이는 행동의 변화는 바이러스의 입장에서 보면 확장된 표현형이다. 숙주의 행동 변화(행동도 표현형의 일종이다)가 결국은 바이러스가 널리 퍼지는 데 도움이 되기 때문이다. 광견병 바이러스에 감염된 동물이 사나워지고 주위 다른 동물을 물려고 하는 것도 (심지어 초식동물조차도) 확장된 표현형의 대표적인 예다. 다른 동물을 물 때 침을 통해 바이러스가 전파되기 때문이다.

감기에 걸리면 기침을 하는 것도 감기 바이러스의 확장된 표현형이라고 보는 사람도 있다. 사방으로 튄 침을 통해 바이러스가 새로운 숙주를 만날 가능성이 커지기 때문이다.

옅은 화장이 호감도와 신뢰성 높여

논의를 사람으로 확대해보면 우리가 입는 옷이나 헤어스타일, 화장도 확장된 표현형이라고 볼 수 있다. 유전자가 몸에 직접 작

화장의 유무와 정도에 따라 여성의 특성(능력, 호감도, 매력, 신뢰성)을 평가한 결과 화장이 대체로 긍정적인 효과가 있다는 사실이 밝혀졌다(왼쪽부터 맨얼굴, 옅은 화장, 보통 화장, 짙은 화장). 이때 충분히 시간을 두고 판단할 경우 자연스러운(옅은) 화장이 가장 높은 점수를 받았다(제공 : 〈플로스 원〉).

용해 표현형으로 드러나는 건 아니지만 행동을 통해 개체의 생존과 번식에 영향을 미칠 수 있는 효과를 내기 때문이다. 특히 화장의 경우는 확장된 표현형이면서도 화장술에 따라서는 타고난 (생물학적) 표현형으로 받아들이게 만드는 강력한 도구가 될 수 있다.

미국 하버드의대 정신과 낸시 에트코프 박사팀은 온라인과학저널 〈플로스 원〉 2011년 10월호에 「확장된 인간 표현형의 특징으로서의 화장Cosmetics as a Feature of the Extended Human Phenotype」이라는 특이한 제목의 논문을 발표했다. 여성의 화장이 정말 확장된 표현형으로 얼마나 효과를 내는지를 화장법과 상황에 따라 평가했는데 내용이 꽤 흥미롭다.

저자들은 20~50세 사이의 여성 25명에 대해 전문 메이크업아티스트가 옅은 화장natural makeup, 중간 화장professional makeup, 짙은 화장glamorous makeup을 한 뒤 사진을 찍었다. 여기에 맨얼굴 사진까지 네 장의 사진을 임의의 순서대로 배열한 뒤 피험자들에게 보여주어 네 가지 항목(능력, 호감도, 매력, 신뢰성)에 대해 7점 척도로 평가하게 했다. 이때 한 그룹은 각 사진에 대해 0.25초 동안만 보게 했고 다른 그룹은 마음대로 보게 했다.

전문 메이크업 아티스트의 '작품'이라서인지 예상대로 화장을 한 얼굴이 맨 얼굴보다 대체로 높은 점수를 받았다. 특히 각 얼굴을 0.25초만 보여준 경우는 모든 항목에서 화장이 짙을수록 점수가 높게 나왔다. 그런데 충분한 시간을 두고 판단하게 한 그룹에서는 항목별로 미묘한 변화가 생겼다. 맨 얼굴은 잠깐 봤을 때와 평가에 별 차이가 없었지만 화장을 한 경우 옅은 화장은 다소 더 나아지는 반면 짙은 화장은 점수가 낮아졌다. 특히 호감도와 신뢰성 항목에서 짙은 화장은 맨얼굴보다도 점수가 낮았다.

연구자들은 이 결과에 대해 0.25초만 보여줄 경우에는 정보가 부족해 반사적인 판단을 내리지만 시간에 제한이 없을 경우는 충분히 숙고해 판단하기 때문에 부자연스러운 과도한 화장에 대해 부정적인 평가를 내린다는 것이다. 즉 화장이라는 확장된 표현형의 효과를 극대화하기 위해서는 노골적으로 얼굴을 꾸며내는 것(makeup)보다는 생물학적 표현형으로 받아들여지게 자연스러운 화장을 하는 게 더 효과적인 셈이다.

최근 한류바람이 불면서 화장을 한 듯 안 한 듯 자연스러운 한국 여성들의 내추럴 화장법이 세계 여성들의 주목을 받고 있다. 미국의 한 화장품 회사는 새로 출시한 립스틱 브랜드에 '코리아'라는 말을 넣어 화제가 되기도 했다. 이 회사의 간부는 "코리안 뷰티의 전형을 보여주는 인물이 김연아 선수"라며 "한국에 와서 보니 스타들뿐 아니라 일반 여성들도 자연스러운 완벽한 메이크업을 한다" 며 감탄했다.

사실 외국에 출장을 가보면 과도한 메이크업에 짙은 향수 냄새를 뿌리며 다니는 여성들이 많아 '이건 아니다'라고 생각하곤 했는데 역시 필자 개인의 생각만은 아닌 듯하다. 화장이라는 확장된 표현형을 타고난 생물학적 표현형으로 '승화'시킨 세련된 여성들의 나라에 살고 있다니 그저 감사할 따름이다.

PART 6

모카커피

호르몬의 과학, 그 속의 남과 여

과학의 모카커피

모카커피라는 이름은 초콜릿향이 나는 커피원두를 수출했던

아라비아의 항구도시 모카에서 유래했다.

지금은 초콜릿을 넣은 커피를 모카커피라고 부른다.

커피에서 풍겨나는 낯선 초콜릿향이

오히려 풍미를 더하듯이 과학에서도 낯설지만

그래서 더 흥미로운 이야기들이 있다.

과학의 모카커피에 들어 있는 초콜릿은 바로 호르몬.

비타민 D는 영양소일까, 호르몬일까

유리를 통과한 빛은 자외선 B가 거의 없기 때문에 피부가 비타민D를 제대로 합성하지 못한다 (사진 강석기).

햇빛이 부족한 겨울이 되면 골절 환자들이 늘어난다. 물론 눈이 얼어붙어 길이 미끄러워 넘어지는 경우가 많기도 하지만 겨울철에는 뼈가 더 약해지기 때문이다. 최근 골밀도가 낮아 골다공증을 염려해야 할 수준인 젊은이들도 늘고 있다고 한다. 이런 배경에는 운동 부족과 무리한 다이어트도 있지만 실내 생활과 자외선(UV)● 차단제 사용으로 인한 비타민D 결핍이 있다고 한다.

비타민D가 발견됐을 무렵만 해도 음식물에서 섭취해야만 얻을 수 있는 것으로 알고 있었기 때문에 이 이름을 얻었지만 그 뒤 우리 피부에서 비타민D를 합성할 수 있다는 사실이 밝혀졌다. 즉 비타민이 아니라 호르몬인 셈인데 아직까지 원래 이름이 그대로 쓰이고 있다.

비타민D는 콜레스테롤의 대사물인 7-디하이드로콜레스테롤로부터 만들어지는데 이때 자외선이 꼭 필요하다. 자외선이 7-디하이드로콜레스테롤 분자의 스테로이드^{steroid}● 고리를 끊어 프리비타민D$_3$$^{previtamin\ D_3}$로 바꾸는 역할을 하기 때문이다. 프리비타

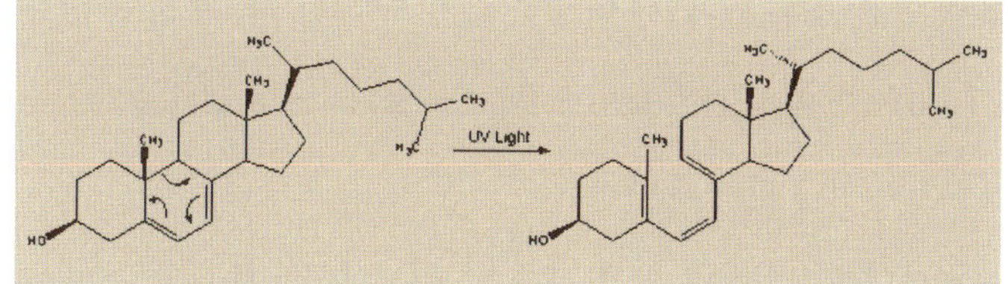

민D₃는 이후 여러 단계를 거쳐 활성이 있는 비타민D로 바뀐다.

최근 비타민D가 뼈의 건강뿐 아니라 암이나 당뇨병, 각종 면역질환에도 중요한 역할을 한다는 사실이 속속 밝혀지고 있다. 최근 캐나다암학회는 가을과 겨울철 성인은 매일 1000IU의 비타민D 보조제를 섭취하라고 권장 수치를 대폭 높였다. 비타민D 관련 논문도 급증해 거의 매일 한 편이 나오고 있다. 한국영양학회가 제시한 비타민D 권장 섭취량은 200IU이지만 머지않아 우리나라에서도 비타민D 열풍이 불 것 같은 예감이 든다.

비타민D 기사를 쓰려고 했던 필자는 이 사실을 알게 된 뒤 되도록 햇볕을 많이 쬐려고 했다. 카페에 가서도 눈이 부셔 책을 읽는 데 불편한 창가를 고집했다. 그런데 최근 다시 비타민D 기사를 준비하면서 문득 '유리는 자외선을 차단하는 게 아닌가?' 하는 생각이 스쳤다.

'아차' 싶어서 자료를 찾아보니 정말 "유리를 통과한 빛은 비타민D 합성에 소용이 없다"는 문구가 보인다. 겨울 추위도 피하면서 비타민D를 합성한다는 필자의 잔꾀는 헛수고였던 셈이다.

쾌청한 날이면 집 안에서 속옷만 입고 겨울 햇살을 마음껏 즐긴다. 물론 창은 열어놓고. 그렇게 한꺼번에 비타민D를 만들어봐야 무슨 소용 있냐고? 다행히 답은 "괜찮다"다. 우리 몸 안에서 비타민D의 반감기(농도가 절반으로 줄어드는 데 걸리는 기간)는 20~29일이나 되기 때문이다.

비타민D는 연어나 방어 같은 일부 생선에만 풍부할 뿐 다른 식품에는 별로 들어 있지 않아 음식으로 섭취하기는 어렵다고 한다. 따라서 그 대안으로 비타민제 복용을 권장한다. 다행히 우리나라는 겨울에 맑은 날이 많고 태양 고도가 낮아 남향인 집은 실내 깊숙이까지 빛이 들어온다. 따라서 조금만 신경 쓰면 각종 질병을 예방하는 데 큰 도움이 되는 비타민D를 우리 스스로 만들어 충당할 수 있다.

이제 비타민D에게 호르몬의 지위를 돌려줘야 하지 않을까.

　예전에 건빵 봉지를 열어 보면 그 안에는 건빵과 함께 별사탕이 들어 있는 작은 봉지가 있었다. 군대용 건빵의 별사탕에는 성욕을 떨어뜨리는 성분이 들어 있으니 먹지 말라는 우스갯소리를 들은 적이 있다.

　사실 정력이나 임신 가능성에 영향을 주는 식물이나 동물 성분에 대한 이야기는 여럿 있다. 이런 얘기들이 그냥 '설說'인지 정말 과학적인 근거가 있는지 궁금하기는 하다. 물론 건빵 얘기는 설이겠지만.

식물에스트로겐, 여성에겐 유익하지만
남성에겐 불임의 원인

우리가 성욕을 느끼거나 임신을 할 (또는 하게 할) 수 있는 건 성호르몬의 작용 덕분이다. 성호르몬은 주로 스테로이드라는 구조에 속하는 분자로 남성호르몬인 테스토스테론과 여성호르몬인 에스트로겐이 대표적인 성호르몬이다. 남자는 테스토스테론만, 여자는 에스트로겐만 만드는 건 아니고 둘 다 갖고 있지만 남녀에 따라 상대적인 농도에서 차이가 난다.

그런데 식물에 들어 있는 어떤 성분의 분자 구조가 공교롭게도 성호르몬의 구조와 비슷해 우리 몸에 착각을 불러일으킬 수 있다는 사실이 알려져 있다. 이런 분자를 식물에스트로겐^{phytoestrogen}이라고 부르는데 대표적인 예가 콩에 들어 있는 이소플라본[•]이다.

식물에스트로겐이 사람들의 주목을 끈 건 1940년대로 거슬러 올라간다. 콩과科 식물인 붉은 클로버를 많이 먹은 양들이 교미를 시켜도 임신율이 낮았다. 사람들은 그 원인을 추적하다 붉은 클로버에 다량 들어 있는 이소플라본 때문이라는 결론을 얻었다.

그 뒤 식물에스트로겐에 대한 연구는 서로 엇갈린 결과를 내면서 여전히 논의가 분분하다. 그중 영향을 준다는 연구만을 놓고 보면 대체로 여성에게는 유익하고 (특히 폐경기 이후의 여성에게) 남성에게는 좋지 않다는 결과가 많다.

지난 2008년 하버드대학 연구팀은 콩을 많이 먹는 남성의 경우 먹지 않는 남성에 비해 정자 수가 40퍼센트나 적었다는 연구 결과를 발표하기도 했다. 평소 콩밥, 두부, 콩국수, 콩장 같은 콩 식품을 너무 좋아하는데 웬일인지 아직 아이가 없는 남성의 경우 한 번 생각해볼 일이다.

식약청은 '먹거나 바르면 가슴이 커지는' 효과가 있다며 인터넷에서 화제를 몰고 온 건강식품과 화장품을 판매한 사람들에게 철퇴를 가했다. 식약청 관계자는 이들 제품의 주원료가 푸에라리아*Pueraria mirifica*라는 태국산 칡인데 체내 여성호르몬을 지나치게 활성화해 자궁 비대와 같은 부작용을 불러일으킬 수 있다며 주의를 당부했다.

사실 푸에라리아 역시 콩과식물로 아마도 이소플라본 성분이 어느 정도 작용을 할 것이다. 실제로 푸에라리아의 피임 효과(에스트로겐 수치가 높으면 배란을 억제한다)가 연구된 적도 있다고 하니 여성의 생리에 영향을 미치는 것만은 분명한 듯하다.

2000년 〈천연물저널〉에 발표된 논문에 따르면 푸에라리아에서 이런 효과를 주는 물질은 데옥시미로에스트롤*deoxymiroestrol*이라는 식물에스트로겐으로 밝혀졌다. 그러나 푸에라리아가 정말 가슴을 크게 하는 효과가 있는지에 대한 엄밀한 과학적 연구 결과는 아직 나와 있지 않다.

그런데 왜 건빵에 별사탕이 있었을까. 아마도 퍼석퍼석한 건빵을 먹다 보면 침이 마르는데 사탕의 주성분인 설탕이 침샘을 자극해 침을 분비하도록 해주기 때문일 것이다. 문득 옛날에 먹

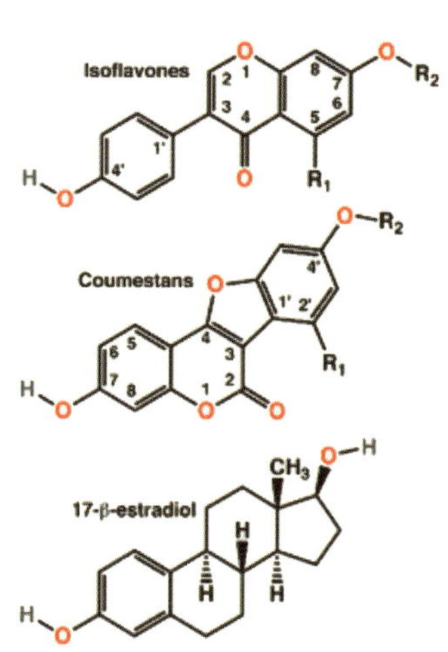

식물에서 발견되는 식물에스트로겐(위 : 이소플라본, 가운데 : 쿠메스탄)은 여성호르몬인 에스트로겐(아래)과 분자구조가 비슷하다. 우리 몸의 에스트로겐 수용체는 이들을 잘 구분하지 못하기 때문에 식물에스트로겐이 여성호르몬 같은 작용을 하는 것으로 여겨진다.

을까 말까 고민하다 별사탕을 입에 넣었을 때 느꼈던 오돌토돌
한 감촉과 달콤한 맛이 아련히 혀끝에서 되살아난다.

33

술맛이 달게 느껴질 때 생각해봐야 할 것들

최근 식품의약품안전청(식약청)이 발표한 한 연구 결과가 애주 가들을 씁쓸하게 했다. 수컷 생쥐에게 알코올을 9주 동안 투여했더니 고환이 쪼그라들고 정자의 움직임도 둔해졌다는 것이다. 여기까지는 '사람으로 치면 9년을 마신 셈이니(생쥐의 수명은 2년이다) 그럴 만도 하겠지'라고 넘어갈 수도 있다. 그런데 문제는 이 수컷과 암컷이 짝짓기 해 낳은 새끼도 고환이 작고 정자 움직임이

둔했다는 것이다. 그 새끼의 새끼도 이런 경향을 보였다고 한다.

생물 교과서에서 배운 지식에 따르면 행동(경험)은 유전되지 않는다. 즉 쥐의 꼬리를 아무리 잘라도 태어나는 새끼에는 여전히 꼬리가 달려 있다. 멘델의 유전법칙에 기반한 다윈의 진화론에 따르면 행동이 유전자에 돌연변이를 일으키지는 않기 때문이다.

'그렇다면 라마르크의 부활인가!'

높이 있는 잎을 따먹으려고 목을 길게 뺐던 기린은 목이 좀 길어졌고 이런 특징이 유전됐다. 이 과정이 여러 세대를 거쳐 반복돼 오늘날 기린이 나왔다는 게 라마르크^{Lamarck, Jean Baptiste(1744~1829)} • 의 '용불용설^{用不用說, theory of use and disuse}'이다. 필자가 라마르크를 떠올린 건 용불용설이 그나마 세대를 뛰어넘는 알코올의 영향력을 설명할 수 있을 것 같기 때문이다.

생식력 떨어뜨리는 음주

장기간 알코올 섭취로 자손 수컷의 생식력까지 떨어지는 현상은 '후성유전학^{epigenetics}'으로 설명할 수 있다. 후성유전학은 유전자 자체의 변이는 없지만 유전자 발현에 영향을 주는 구조적 변화가 DNA에 각인돼 유전되는 현상이다. 지난 10년 동안 생명과학 분야에서 가장 뜨거운 이슈인 후성유전학은 유전되는 건 DNA 염기 서열 정보가 전부라고 생각했던 기존 패러다임을 뒤집어놓았다.

책이 유전체(게놈)이고 각 페이지가 유전자라면 후성유전학은 책에 두 가지 책갈피를 끼우는 현상이라고 보면 된다. 녹색 책갈피는 그 페이지를 자주 읽어보라는 (유전자가 발현을 촉진하는) 표시이고, 빨간색 책갈피는 그 페이지를 읽지 말라는 (유전자 발현을 억제하는) 표시다.

후성유전학은 우리의 행동이 특정한 페이지에 책갈피를 끼우거나 빼는 결과로 이어진다고 말한다. 게다가 책을 복사할 때(세포분열 시 유전체 복제) 내용뿐 아니라 책갈피까지도 똑같이 붙는다는 것이다. 행동이 책의 내용(DNA 염기 서열)은 바꾸지 못하지만 그 부분을 읽을지 말지에는 영향을 미치는 셈이다.

그렇다면 장기간 알코올을 섭취하는 것이 어떤 페이지에 어떤 책갈피를 붙였기에 생식력 저하로 이어졌을까. 식약청 발표에 따르면 술을 마신 생쥐와 그 아들, 손자는 정자의 운동성에 관여하는 trpc2라는 유전자*의 발현이 정상 생쥐보다 낮은 것으로 나타났다. 아직 이 유전자에 빨간 책갈피가 끼워졌는지 확인하지 않은 상태지만 후성유전학 현상일 가능성이 크다.

'난 여자니까 괜찮겠지.' 이렇게 생각하는 분들도 있을 것이다. 과연 그럴까.

태아 때 술에 노출되면 술 좋아해

저명한 주간과학저널인 〈미국립과학원회보〉(PNAS)는 2009년 3월 31일자에 '태아 때 알코올 노출이 알코올 냄새와 맛을 좋게 해 알코올 섭취를 늘린다'는 제목의 논문을 실었다. 임신한 쥐에게 술을 먹일 경우 뱃속 태아의 미각과 후각의 형성에도 영향을 미친다는 말이다.

trpc2 유전자　체내 칼슘 대사에 관여하는 단백질인 TRPC2의 유전자로 사람에서는 작동하지 않는 것으로 알려져 있다.

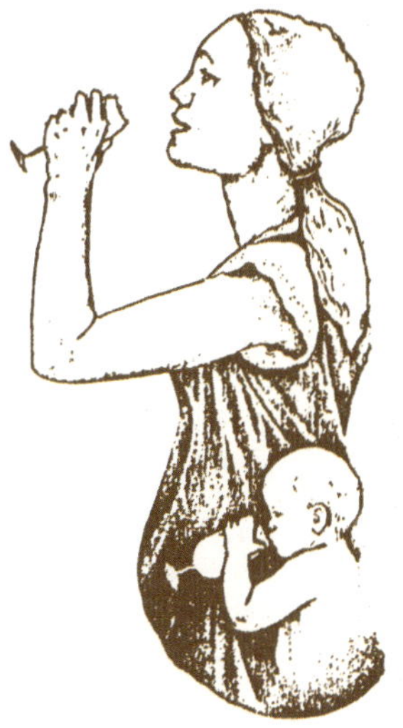

연구자들은 알코올을 맛볼 때 뇌가 보이는 반응이 설탕(단맛)과 염화수소퀴닌*quinine hydrochloride*(쓴맛) 혼합물을 맛볼 때와 비슷하다는 사실을 토대로 태아 때 어미를 통해 알코올을 접한 쥐의 단맛과 쓴맛 민감도를 조사했다. 그 결과 설탕에 대한 감각은 정상이었으나 염화수소퀴닌에 대한 감각은 훨씬 둔해졌다. 술맛이 달게 느껴진다는 말이다.

또 알코올 냄새를 맡게 할 경우 태아일 때 알코올에 노출된 생쥐의 경우 거부감이 덜했다. 결국 알코올에 노출된 태아의 뇌에서 미각과 후각 감각계가 형성될 때 유전자 발현 양상에 변화가 일어나 이런 감각의 왜곡이 일어난 셈이다.

실제로 에탄올의 '톡 쏘는' 감각은 TRPV1 수용체*를 통해 전달되는데 이 유전자의 발현이 떨어질 경우 에탄올에 대한 거부감이 줄어들 수 있다. 당연한 결과겠지만, 이런 쥐들은 알코올을 먹게 할 경우 정상 쥐보다 섭취량이 훨씬 많았다.

인간게놈 해독으로 많은 유전자의 존재와 그 역할이 밝혀지면서 자신의 신체 특성이나 성격, 행동을 유전자 탓으로만 돌리는 경향이 커지기도 했다. 그러나 후성유전학 현상의 발견은 자신의 행동 역시 유전자의 염기 서열만큼이나 심리, 생리에 큰 영향을 미치고 심지어 자손에게까지 이어짐을 입증하고 있다. 태교의 중요성을 강조하고 평소 몸가짐에 유념했던 조상의 지혜에 새삼 탄복하게 된다.

34

맘에 안 드는 상대와 결혼할 때 일어나는 일들

명절이면 몸은 편할지 몰라도 마음은 불편한 사람들이 꽤 있을 것이다. 결혼할 때를 놓친 미혼 남녀들이다. 이들(필자를 포함해서)이 집 안 어른들께 들었을 말들.

"그만 골라라. 사람 다 거기서 거기다."

"옛날엔 얼굴도 모르고 결혼해도 잘만 살았다."

"너 나이 먹는 걸 생각해야지……."

한 해 두 해 세월이 가는 것도 서러운데 이런 말까지 들으면 '명절엔 해외여행이라도 가야지' 하고 결심하게 된다. 그러면서도 한편으론 '그래, 어른들 말씀이 맞긴 하지' 하며 자책하기도 한다.

일부일처제의 불가피한 귀결

여성의 외모에 '지나치게 집착하는' 남자들도 있지만 사실 배우자를 고르느라 고민하는 건 주로 여성들이다. 이는 사람뿐 아니라 일부일처제를 채택하는 동물들에서 보편적으로 보이는 현상이다. 어떤 배우자를 택하느냐가 어떤 새끼를 낳고 어떤 환경에서 기르느냐에 결정적인 영향을 미치기 때문이다.

얼핏 생각하면 훨씬 야만적인 제도 같지만 선택의 관점에서 보면 일부다처제(하렘)가 암컷(이제부터는 다 동물로 생각하겠다)에게는 속 편하다. 수컷끼리 죽어라고 싸워 가장 뛰어난 녀석이 암컷들 모두를 차지하므로 암컷의 입장에서는 '평균 이상'의 씨(유전자)를 받을 수 있기 때문이다. 사람으로 치면 여성들 모두 '까도남' 현빈의 아내가 되는 셈이다.

아무튼 현실은 일부일처제. 그렇다 보니 배우자에 만족한 경우보다 그렇지 못한 경우가 더 많을 것이다. '살면서 정이 들겠지.' 물론 그럴 수도 있을 것이다. 그런데 최근 〈영국왕립학회보 B〉에 실린 논문을 보면 마음이라는 게 그렇게 쉽게 정리되는 건 아니라는 생각이 든다.

호주 맥커리대학 사이먼 그리피스 교수팀은 일처일부제인 호금조Gouldian finch를 대상으로 재미있는 실험을 했다. 호금조는 다양한 색상의 깃털이 아름다운 새로 머리의 털이 빨간 종류와 검은 종류가 있다. 그런데 암컷은 머리색이 같은 수컷을 선호한다. 연구 결과 머리털 색과 관련한 유전적 요인이 새끼의 생존율에 영향을 미친다는 사실이 밝혀졌다. 즉 색이 다른 부모에서 태어

난 새끼는 사망률이 40~80퍼센트 더 높다.

연구자들은 두 가지 조건에서 짝짓기 실험을 했다. 큰 새집에 암수 새들을 수십 마리 넣고 짝을 찾게 하거나(자유 선택) 작은 새장에 암수 한 마리씩을 넣었다(강제 짝짓기). 이 경우 가능성은 네 가지다. 맘에 드는 짝 선택, 맘에 안 드는 짝 선택, 맘에 드는 짝 배당, 맘에 안 드는 짝 배당.

연구자들은 각각의 경우에 대해 암컷이 첫 번째 알을 낳는 데 걸리는 기간을 조사했다. 그리고 짝이 정해진 뒤 12시간 뒤와 두 번째 알을 낳았을 때(수주 뒤) 혈중 스트레스 호르몬(코티코스테론)의 수치를 조사했다.

맘에 드는 짝을 택한 암컷들은 만난 지 평균 25일 만에 첫 알을 낳았다. 반면 맘에 안 드는 짝을 선택한 암컷들은 평균 54일로 2배가 넘었다. 게다가 혈중 코티코스테론corticosterone●의 수치

코티코스테론 부신피질에서 만들어지는 스테로이드 호르몬이다. 체내 에너지 대사, 면역 반응, 스트레스 대응에 관여한다.

도 두 시점 모두 맘에 안 드는 짝을 선택한 암컷들이 3배나 더 높았다. 이런 경향은 짝을 지정한 경우도 마찬가지였다. 즉 내가 선택을 하든 어쩔 수 없든 간에 맘에 안 드는 짝을 만날 경우 생식력이 떨어지고 스트레스가 높아진다.

짝을 맺은 뒤 12시간 뒤 잰 코티코스테론 수치는 수컷의 행동에 따른 결과라기보다는 수컷에 대한 암컷의 태도가 반영된 결과다. 즉 이런 상대와 부부가 된 게 맘에 안 든다는 말이다. 놀랍게도 이런 마음 상태는 함께 산 지 수주일이 지난 뒤에도 마찬가지였다.

때를 놓치면 선택의 여지없어져

요즘은 '고르고 고르다' 아예 혼자 살겠다는 사람도 늘어나는 추세지만 그래도 대다수는 나이가 들수록 '눈을 낮추기' 마련이다. 이런 변화는 새들도 마찬가지다. 흩어져 살다가 짝짓기 철에 번식지로 몰려오는 딱새의 경우 수컷들이 미리 와서 둥지 자리를 마련한다.

흥미롭게도 일찌감치 도착한 암컷들조차 방문하는 수컷의 수는 열 마리를 넘지 않고 보통 이틀 내에 짝을 정한다. 늦게 도착한 암컷들은 처음 만난 수컷과 짝을 맺거나 심지어 다른 종의 수컷을 선택하기도 한다. 마음이 다급해진 것이다. 연구자들은 이런 상황을 '나쁜 상황에서 최선의 선택making the best of a bad situation'이라고 부른다.

안타깝게도 이번 실험 결과는 나쁜 상황에서 최선의 선택이 아예 짝짓기를 포기하는 것과 마찬가지로 '마음의 갈등'을 해소할 수 없음을 시사하고 있다. 그렇다면 현실에 만족하지 않고 스트레스를 받고 사는 게 어떤 이점이 있기에 암컷들은 이런 고집을 부릴까.

연구자들은 이런 몸의 상태가 암컷이 여전히 더 나은 상대를 만날 가능성을 포기하지 못한 결과라고 설명한다. 실제로 맘에 안 드는 짝과 맺어진 암컷 새가 바람을 피우는 경우가 훨씬 많다고 한다. 일부일처제 새가 낳은 알 가운데 평균 19퍼센트가 바람을 피워 생긴다는 연구 결과도 있다. 즉 암컷은 이렇게 해서라도 자신의 잘못된 선택을 만회하려 한다는 것이다.

예전에 배우 안성기 씨가 "사랑하는 여자와 결혼한 게 인생에서 가장 행복한 일"이라고 솔직하게 쓴 글을 읽은 적이 있다. '연애 따로 결혼 따로'라는 말이 있지만 사실 진심으로 그렇게 생각하는 사람은 많지 않을 것이다.

'까도남' '차도녀'로 눈만 잔뜩 높아진 시대. 매스미디어의 세례를 받고 있는 현대인들에게 '불만에 찬 호금조' 실험이 그저 새의 이야기로 여겨지지는 않을 것이다.

35

밤꽃 향기의 이유 있는 유혹

유월이면 산에 밤꽃이 만발한다(사진 강석기).

집에서 도보로 7~8분 거리에 등산로 입구가 있다 보니 필자는 자주 앞산을 찾는데 계절에 따라 변하는 풍경이 늘 새롭다. 개인 적으로 일 년 중에서도 가장 좋을 때는 아카시아 꽃이 활짝 피는 5월이다. 산길을 걷다가 풍겨오는 아카시아 꽃향기의 강렬한 달콤함을 깊이 들이마시면 어린 시절 아카시아 꽃을 따먹던 추억이 떠오른다.

아카시아 꽃이 지는 걸 아쉬워할 무렵 산에는 또 다른 꽃이 배턴을 이어받는다. 바로 밤꽃이다. 그런데 밤꽃의 향기는 향기라고 말하기도 뭐하다. 비릿하면서도 뭔가가 연상되는 냄새다. 그러면서도 내색은 못하고 (특히 주변에 여성이 있을 경우) 냄새가 진동하는 자리를 빨리 벗어나고 싶은 마음뿐이다.

밤꽃과 정액의 공통점

물론 필자의 후각이 특이해서 이런 반응을 보이는 건 아니다. 조선시대에는 밤꽃이 필 무렵이면 부녀자들이 외출을 삼갔다고 한다. 과부들은 이때 잠을 이루지 못했다는 얘기도 전해온다. 밤꽃 향기가 정액 냄새를 떠올리기 때문이다. 향기로워야 할 꽃에서 정액 냄새라니…….

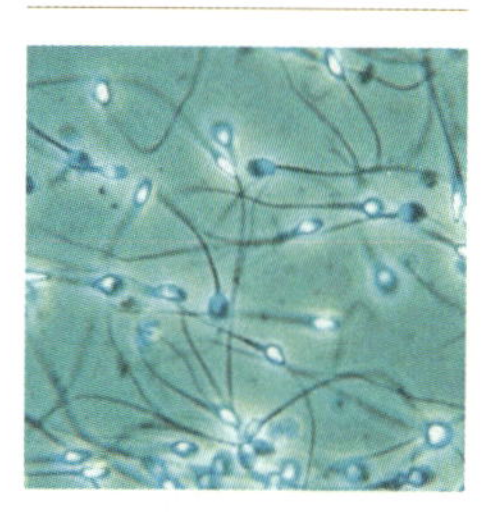

밤꽃 향기의 성분은 정액 냄새의 성분과 같다.

놀랍게도 (사실 당연하게도) 그 이유는 밤꽃 향기의 성분이 정액 냄새의 성분과 같기 때문이다. 스퍼미딘spermidine과 스퍼민spermine이라는 분자가 그 주인공이다. 스퍼미딘과 스퍼민이라는 이름에서 짐작할 수 있듯이(sperm은 정액, 정자란 뜻이다) 이들 분자는 동물의 정액에서 처음 발견됐다. 사실 정액의 냄새에는 이 두 물질 말고도 푸트레신putrescine과 카다베린cadaverine이라는 분자가 기여하는데 이들의 냄새는 좀 더 고약하다.

이 네 분자는 모두 질소를 포함한 아민계열 화합물로 휘발성이 있다. 아민류들은 대체로 냄새가 고약한데 생선 비린내도 아민류 화합물 때문이다. 아민류는 수용액에서 알칼리성을 띤다. 그렇다면 정액에는 왜 이들 분자가 들어 있을까.

여성의 질 내부 환경은 젖산 때문에 산성이다. 만일 정액이 그냥 물속에 정자가 들어 있는 상태라면 질 속에 사정되고 얼마 못 가 정자들은 산성을 못 견뎌 죽을 것이다. 그런데 정액에 이들 아민류가 들어 있기 때문에 산성을 중화한다. 결국 이 분자들은 정액 속의 정자를 보호하는 완충제 역할을 하는 셈이다.

그렇다면 밤꽃은 왜 이런 물질을 꽃향기로 택했을까. 스퍼미딘과 스퍼민이 벌들을 유인하는 걸까(일벌은 암컷이긴 한데 생식력이 없다). 여기에 대한 답을 찾지는 못했지만 밤꽃 말고도 정액 냄새를 내는 꽃이 몇 가지 더 알려져 있다. 또 버섯 가운데서도 정액 냄새가 나는 종류가 꽤 있다고 한다.

노화 억제하고 DNA 보호해

사실 이 네 가지 분자는 거의 모든 생물에서 발견된다. 진화상으로 초기 생명체부터 갖고 있었음을 뜻한다. 따라서 생체 내에서 뭔가 중요한 역할을 할 가능성이 크다. 이 분자들은 아민류 가운데서도 폴리아민polyamine으로 분류되는데 한 분자에 아민기($-NH_2$, $-NH-$)가 두 개 이상 있기 때문이다(접두어 poly가 붙은 이유다).

넷 가운데 셋은 서로 밀접히 관련돼 있다. 아미노산인 아르지닌에서 푸트레신이 만들어지고 푸트레신에서 스퍼미딘이, 스퍼미딘에서 스퍼민이 만들어지기 때문이다. 한편 카다베린은 아미노산 라이신에서 만들어진다.

생체 내에서 폴리아민의 역할은 아직 완전히 이해되지 않았지만 세포가 폴리아민을 만들지 못하

폴리아민의 생합성 경로. 질소(N)가 포함된 아민기가 2개 이상 있는 분자인 폴리아민은 아미노산으로부터 만들어진다. 이들 분자 가운데 스퍼미딘이 전형적인 정액 냄새이고 푸트레신과 카다베린의 냄새는 좀 더 고약하다.

게 조작하면 세포 성장이 멈추는 걸로 봐서 꽤 중요한 분자들임은 분명하다. 이때 외부에서 폴리아민을 넣어주면 다시 성장이 시작된다. 수용액에서 폴리아민은 양이온이 되기 때문에(질소에 수소이온이 달라붙음) 표면이 음이온인 핵산(DNA와 RNA)에 쉽게 결합한다. 따라서 폴리아민이 세포 내에서 핵산을 안정화하는 역할을 함을 짐작할 수 있다.

흥미롭게도 세포 내의 스퍼미딘 농도는 나이가 들수록 줄어든다고 한다. 2009년 유럽의 연구자들은 다양한 실험동물(효모, 초파리, 예쁜꼬마선충)과 사람의 면역세포에 스퍼미딘을 공급해주자 수명이 크게 늘어난다는 사실을 발견해 과학저널 〈네이처 셀 바이올로지〉에 발표했다. 스퍼미딘이 노화의 원인인 산화 스트레스를 감소시켰기 때문이라는 것이다.

그렇다면 밤꽃의 향기를 피할 게 아니라 오히려 은근히 즐겨야 할까. 혹 벌들은 밤꽃 향기를 맡고 밤꽃의 화밀花蜜을 젊음의 샘으로 생각하고 찾아가는 걸까. 그렇지는 않은 것 같다. 벌들은 다른 꽃이 많이 피어 있으면 밤꽃을 잘 찾지 않기 때문이다.

꽃도 그렇지만 꿀도 아카시아 꿀이 밤 꿀보다는 빛깔도 곱고 맛과 향도 뛰어나다. 밤 꿀은 겉모습이 시커멓고 향도 그다지 좋지는 않은데다 쌉쌀한 뒷맛이 있다. 그런데도 전통적으로 밤 꿀은 소화기와 호흡기에 좋은 약으로 쓰여왔다.

지난 2007년 〈한국양봉학회지〉에는 「우리나라 밤 꿀의 항산화와 항균 활성」이란 제목의 논문이 실렸는데 이에 따르면 밤 꿀의 항산화 활성은 아카시아 꿀의 서너 배라고 한다. 밤 꿀에 스퍼미딘이 얼마나 들어 있을지는 모르겠지만(없지는 않을 것이다) 이런 효과를 내는 데 어느 정도 기여하지는 않을까.

그동안 꿀 하면 아카시아 꿀만 생각했는데 이참에 밤 꿀도 좀 먹어봐야겠다.

남자와 아버지의 간극

모 일간지 사회면에는 기이한 이야기가 실렸다. 아들의 성적에 너무 집착한 나머지 학대를 거듭하는 아내를 보다 못한 남편이 이혼소송을 해 승소했다는 내용이다. 기사 속의 엄마는 아들의 성적이 떨어지자 "공부를 안 하니 책상이 필요 없다"며 책상에 톱질을 하는가 하면 "그 성적에 잠이 오느냐"며 침대 매트리스를 세워놓기도 했다고 한다.

남편이 말리면 "아버지인 당신이 제대로 가르치지 못하니까 애 성적이 이 모양 아니냐"며 막말을 했다. 비뚤어진 모정母情으로 아들이 적응장애 진단까지 받기에 이르자 이혼까지 결심하게 된 부정父情이 눈물겹다.

과거 전통적인 유교 사회에서 우리 사회는 '엄부자모嚴父慈母', 즉 엄한 아버지에 자애로운 어머니가 전형적인 가정의 모습이었지만 요즘은 어떻게 된 건지 주변에서 '엄모자부嚴母慈父'의 모습을 어렵지 않게 볼 수 있다.

물론 '엄모'가 되는 이유의 대부분은 자녀의 성적 때문이다. 한편 자애로운 아버지가 많아진 건 가족 구조가 옛날과는 달라 엄마가 아니면 아이를 돌볼 사람이 없고 엄마도 직장 생활을 하는 경우가 많아진 것도 주요 원인이다. 그 결과 아버지가 자녀들과 보내는 시간이 늘어나고 있다.

이런 현상은 외국도 마찬가지여서 미국의 경우 아버지가 자식을 직접 보살피는 시간은 1965년 하루 평균 0.4시간에서 1998년 1시간으로 2.5배나 늘었다. 같은 기간 어머니가 자식을 직접 보살피는 시간은 1.5시간에서 1.7시간으로 소폭 느는 데 그쳤다. 아버지가 자녀를 돌보는 시간은 여전히 어머니보다는 적지만 그 차이가 꽤 줄어들었다.

부성애는 인류 진화 과정에서 등장

엄마와 아빠가 함께 자녀를 돌보는 게 당연해 보이지만 사실 포유류에서 이런 행태는 예외적인 현상이다. 포유류에서 아비가 새끼를 돌보는 종은 전체 종의 3~5퍼센트에 불과하기 때문이다. 그렇다면 부성애의 진화는 계통발생학적으로 상관관계가 있을까. 즉 진화상으로 가까운 종들일 경우 부성애의 패턴도 비슷할까. 놀랍게도 이런 패턴은 전혀 관찰되지 않는다. 인류와 가장 가까운 종인 침팬지와 보노보, 그 다음인 고릴라나 오랑우탄의 경우 아비는 새끼를 거의 돌보지 않는다.

보노보 어미와 새끼. 보노보의 모성을 엿볼 수 있다.

2010년 미국 네바다대학 인류학과 피터 그레이 교수와 오클라호마대학 인류학과 커미트 앤더슨 교수가 함께 쓴 책 『아버지의 탄생Fatherhood』을 보면 인류가 보이는 부성애는 유인원에서는 매우 독특한 행동으로 인류의 진화 과정에서 나타난 현상이다. 그리고 이런 부성애는 일부일처제의 등장과 밀접한 관계가 있다. 즉 일부다처제인 고릴라 사회나 다부다처제인 침팬지, 보노보 사회에서는 수컷이 자녀를 돌보는 것보다 짝짓기할 암컷에 신경 쓰는 게 자기 유전자를 퍼뜨리는 데 더 유리하기 때문이다.

저자들은 인류에서 일부일처제가 정착된 배경을 수렵채취 사회에서 찾고 있다. 즉 남편은 사냥을 하고 아내는 열매와 씨앗, 뿌리를 모아 생계를 꾸리며 지속적인 관계를 유지하면서 아비가 새끼에 대해 자기 자식이라는 확신이 커지면서 애정도 커진 것이라고 한다. 이런 변화에 따라 인간의 신경생리(신경계가 몸의 기능이나 행동에 미치는 영향)에도 변화가 생겼다고 한다.

그 결과 인류의 아비는 본능적으로 자식에 대해 관심을 갖도록 진화했다. 그렇다면 우리의 신경생리에 어떤 변화가 생긴 걸까. 무엇보다도 남성호르몬인 테스토스테론testosterone 수치의 변화다. 테스토스테론은 수컷이 짝짓기를 할 때 도움이 되는 신체나 행동의 특징을 유발하는 호르몬이다. 즉 몸을 근육질로 만들고 성욕을 불러일으키며 동종 수컷에게는 공격성을, 암컷에게는 구애 행동을 유발한다.

한마디로 수컷이 수컷으로서 존재하게 하는 호르몬인 셈이다. 흥미롭게도 결혼을 하면 테스토스테론의 수치가 떨어지는데 만일 자식까지 낳으면 더 큰 폭으로 떨어진다. 결혼과 자녀가 남성의 수컷으로서의 본능을 떨어뜨리는 셈이다.

당연한 논리적 귀결이겠지만 이혼이나 별거를 하거나 혼외정사를 하는 남성의 경우 내려갔던 테스토스테론의 수치가 다시 올라간다. 생리적인 현상인 호르몬 수치가 주변 상황에 따라 오르내린다는 게 신기하지만 내분비계가 신체 내부의 영향뿐 아니라 외부 환경의 변화에도 민감하게 반응한다는 것은 이제 잘 알려진 현상이다.

짝 없는 남성은 테스토스테론 하락 폭 적어

테스토스테론은 스무 살 무렵을 피크로 해서 나이가 들면서 서서히 줄어든다. 따라서 군대야말로 '수컷'들이 우글거리는 집단이다. 2011년 9월 27일자 〈미국립과학원회보〉에는 테스토스테론 수치의 변화와 관련해 흥미로운 연구 결과가 실렸다.

미국 노스웨스턴대학의 연구진들은 필리핀의 젊은 남성 624명을 대상으로 4년 반 사이의 테스토스테론 수치의 변화를 비교해 봤다. 이 기간 동안 미혼이었던 남성 다수가 결혼을 했고 이 중 상당수가 자식까지 낳았다.

기존 다른 연구 결과들을 통해 어느 정도 예상할 수는 있었지만 이들이 보여준 호르몬 수치의 변화는 마치 조작된 데이터처럼 정확한 패턴을 나타냈다. 즉 4년 반 뒤에도 여전히 미혼인 사람들은 테스토스테론이 평균 12퍼센트 줄었지만 그 사이 결혼을 한 사람은 자녀가 없는 경우 평균 16퍼센트가 줄었고 자녀가 있는 경우는 26퍼센트나 줄었다.

한편 4년 반 전 테스토스테론 수치를 보면 결혼 후 자녀까지 본 집단이 가장 높았고 여전히 미혼인 집단이 가장 낮았다. 4년 반 뒤에는 이 순서가 역전된 것이다. 즉 결혼(짝짓기)을 할 때는 테스토스테론 수치가 높은 남성일수록 성공할 확

률이 높았고 이들이 결혼해 배우자를 확보하고 자녀까지 두면서 호르몬 수치가 급락하면서 상대적으로 감소폭이 적었던 미혼자 집단보다도 낮아지게 된 것이다.

결국 한창 때 남성호르몬 수치가 낮아(꼭 이게 원인이라고는 볼 수 없겠지만) 배우자를 얻는 데 실패한 남성들은 때가 지나서도 힘겹게 호르몬 수치를 유지하며 짝을 찾아 헤매는 셈이다. 한편 결혼해 자식까지 있는 남성들을 자식을 돌보는 시간에 따라 나눈 뒤 테스토스테론 수치를 평균해보자 놀라운(예상되긴 했지만) 결과가 나왔다. 즉 자녀를 전혀 돌보지 않는 아버지는 자식들을 돌보는

아버지보다 테스토스테론 수치가 20퍼센트나 높았던 것이다.

바꿔 말하면 자식을 낳아도 호르몬의 수치가 별로 변하지 않았던 것이다. 결국 결혼을 해도, 자식을 낳아도 테스토스테론 수치가 별로 떨어지지 않는 남자는 바람을 피우거나 자식을 본체만체할 가능성이 크다는 말이다.

인간의 수컷은 유인원 가운데 유일하게 짝짓기냐 육아(가정)냐 하는 선택에서 후자 쪽에 치우치도록 진화한 종이다. 그런데도 개중에는 진화가 덜 돼 다른 유인원처럼 행동하는 남성도 있을 것이다. 여성들이 자신의 애인이 어떤 유형의 남자인지 알 수 있는 기술이 개발된다면 그 남자와 결혼을 할지 말지 결심하는 데 큰 도움이 되지 않을까.

"그곳이 만약 기분 좋은 카페라면
나는 코트에서 노트와 연필을 꺼내 글을 쓰기 시작했다."

헤밍웨이

PART 7
아메리카노
진화 이야기

과학의 아메리카노

가장 대중적이며 깔끔한 맛의 아메리카노.

에스프레소에 물이 들어가 진화한 커피.

제2차 세계대전이 끝난 후 미국 사람들이 가장 즐겨 마시던

커피 스타일에서 연유한 이름, 아메리카노.

우리는 진화론을 과학의 아메리카노라 칭한다.

37

다윈과 월리스에게서 배워야 할 점

다윈과 월리스

인간의 위대함을 인식하지 않은 채
동물과의 친화성만을 지나치게 지적하는 것은 위험한 일이다.

블레즈 파스칼

영국의 주간 과학저널 〈네이처〉(2008년 6월 26일자)에 당시로 부터 꼭 150년 전 영국린네학회에서 발표된 논문 두 편에 관한 일화를 소개한 에세이가 실렸다. 진화론의 서막을 알리는 앨프리드 러셀 월리스Alfred Russel Wallace(1823~1913)와 찰스 다윈Charles Robert Darwin(1809~1882)의 논문인데 당시 이런 상황이 전개된 배경이 흥미롭다.

1830년대 비글호를 타고 갈라파고스제도Galápagos諸島●를 탐험한 다윈은 핀치의 부리가 먹이에 따라 다름을 관찰하고 진화론의 아이디어를 얻었다. 1858년, 49세였던 다윈은 이미 영국의 저명한 학자였지만 자신의 발견을 발표하기를 미루고 있었다. 그런데 이해 6월, 그보다 15세 연하인 탐험가 월리스로부터 논문이 동봉된 편지를 받게 된다.

월리스는 다윈의 『비글호 항해기』를 읽고 1848년 25세의 나이에 아마존으로 탐험을 떠났고 그 뒤 동남아시아를 탐사하다 진화의 개념을 생각해냈다. 월리스의 논문을 읽은 다윈은 지질학자 찰스 라이엘Charles Lyell(1797~1875)●에게 편지를 보냈다.

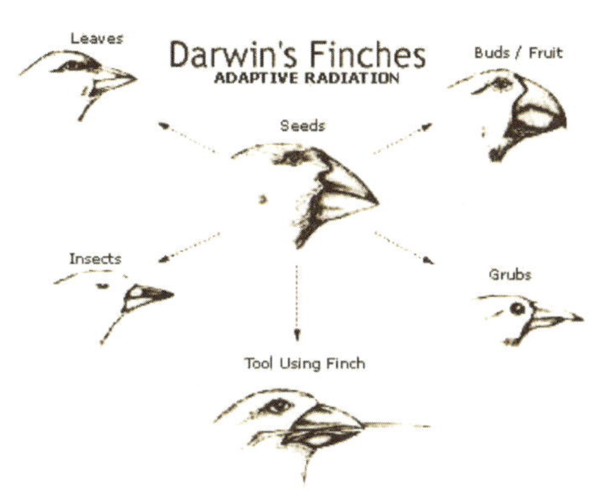

먹이에 따라 핀치 새의 부리가 다른 모습

"이렇게까지 서로 일치하는 경우를 이제까지 본 적이 없습니다. 설령 월리스가 1842년에 쓴 나의 초안을 보았더라도 이보다 더 훌륭한 초록을 만들어내지는 못했을 것입니다."

이에 다급해진 라이엘과 식물학자 조지프 후커Joseph Dalton Hooker(1817~1911)●는 영국런네학회에서 월리스와 다윈의 이론을 함께 소개하자는 아이디어를 내놓았다. 이렇게 해서 1858년 7월 1일 「종이 변종을 만들려는 경향에 대해」(월리스)와 「선택의 자연적인 수단을 통한 변종과 종의 영속성에 대해」(다윈)라는 제목의 논문 두 편이 발표됐다.

당시 뉴기니에서 중병을 앓고 있던 월리스는 훗날 이 얘기를 듣고 어머니에게 쓴 편지에서 다음과 같이 쓰고 있다.

갈라파고스제도 태평양 동부, 적도 바로 밑에 있는 화산섬 무리. 에콰도르령으로 특이한 새와 파충류가 많이 서식하여 생물학의 보고라 한다.

찰스 라이엘 영국의 지리학자로 현대 지질학의 아버지로 불린다. 찰스 다윈은 비글호 탐사에서 라이엘의 저서 『지질학 원론』을 보면서 큰 도움을 받았다.

조지프 후커 영국의 식물학자, 탐험가. 대학에서 의학을 공부한 뒤 남극탐사단에 의사로 참여한 후 많은 탐험을 하면서 수많은 식물을 채집했다. 다윈이 『종의 기원』을 내는 데 큰 도움을 줬다.

월리스의 논문은 그해 8월에 린네학회에서 발간하는 저널에 실렸고 몇몇 과학자의 주목을 받았다. 그러나 진화론의 '충격'은 이듬해 다윈의 『종의 기원』이 출간되면서 시작됐다. 1쇄 1250부가 발간 당일 매진되면서 영국 사회는 술렁거렸고 곧 진화론을 지칭하는 '다윈주의darwinism'라는 신조어가 생겼다.

그 뒤 '진화론＝다윈'이라는 인식이 굳어지면서 월리스는 점차 잊혔다. 사실 다윈과 월리스의 운명이 엇갈린 이유는 그 뒤 그들 삶의 방향도 한몫했다. 다윈이 『인간의 유래』, 『인간과 동물의 감정 표현에 대해』 등 진화론을 심화한 기념비적인 작품을 계속 출간한 반면 월리스는 골상학에 빠져 과학자들을 실망시켰고 셰익스피어가 실존 인물인지를 밝히는 작업에 몰두하는 등 엇박자를 냈기 때문이다.

그런데도 월리스는 다윈에 대해 "다윈 씨는 세상에 새로운 과학을 선사했다"며 "그의 이름은 역사상 모든 철학자들보다 위에 자리할 것이다"라고 평가했고 훗날 "나는 다윈 씨에게 진심으로 감사를 느낀다"고 술회하기도 했다.

사실 다윈이 아니었다면 무명의 탐험가가 쓴 논문은 빛을 보기 어려웠을지도 모른다. 물론 다윈 역시 1860년 월리스에게 쓴 편지에서 "시간이 많았더라면 당신은 아마 나보다 훨씬 훌륭한 논문을 쓸 수 있었을 것입니다"라고 위로하고 있다.

인류 역사상 가장 위대한 발견에 대한 우선권을 앞에 놓고도 서로를 인정하며 함께 가는 길을 택했던 다윈과 월리스. 특히 '자신에게는 새로울 게 하나 없는' 월리스의 논문을 읽고 나서 라이엘에게 쓴 편지에서 "나의 모든 독창성originality은 그 규모에 상관없이 무위로 끝나고 말 것입니다"라며 출판을 미뤄온 자신을 한탄하면서도 월리스의 논문을 출판해달라고 부탁하는 다윈의 인격에 경외심을 느낀다.

다윈은 당시 그 누구보다도 '과격한' 주장을 펼친 과학자였지만 사실 그의 글을 읽다 보면 그 담담한 서술 방식에 마음이 차분히 가라앉고 때로는 일종의 '슬픔'마저도 느낀다. 수년 전 읽은 그의 자서전에서 발견한 구절처럼.

"이제는 단 한 줄의 시도 읽기가 어려워졌다. 최근에 셰익스피어를 읽어보려고 했지만 너무 지루해서 구토가 날 정도였다. 미술과 음악에 대한 취미도 완전히 잃어버렸다. …… 내 정신은 온갖 사실을 다 모아놓은 것에서 일반 법칙을 이끌어내는 일종의 기계가 된 듯하다. …… 인생을 다시 살 수 있다면 적어도 매주 한 번은 시와 음악을 즐기는 규칙을 세울 것이다. …… 이런 취향을 잃는다는 것은 행복을 잃어버리는 것이다."

38

사람의 뇌가 침팬지보다 세 배나 큰 이유

사람의 뇌는 가장 가까운 종인 침팬지의 세 배나 된다. 몸무게를 보정해도(즉 상대적인 무게비) 2.4배에 이른다. 인류 뇌의 팽창을 설명하는 유력한 가설을 반박하는 논문이 최근 발표됐다(사진 : iStockphoto).

다른 과학 분야와 견주어 진화와 관련해서는 유난히 가설이 많다. 현재의 모습을 있게 한 과거 영향을 설명할 때 이를 실험을 통해 '맞다, 틀리다'라고 확실하게 증명할 방법이 없는 경우가 대부분이기 때문이다. 따라서 그 가설의 스토리가 얼마나 그럴듯한지가 상당히 중요하다.

필자가 깊은 감명을 받은 가설 가운데 하나가 '비싼 조직 가설 expensive tissue hypothesis'이다. 인류의 뇌가 가장 가까운 친척인 침팬지보다도 세 배나 더 큰 현상을 설명하는 여러 가설 가운데 하나인데 상당히 그럴듯하다. 1995년 영국 런던대학 인류학자 레슬리 아이엘로와 리버풀대학 피터 휠러가 〈현대인류학 저널〉에 발표한 논문에서 처음 소개했다.

뇌는 에너지의 블랙홀

먼저 비싼 조직이란 우리 몸에서 단위 무게당 에너지를 많이 소모하는 조직이다. 뇌가 대표적인 예로 1킬로그램당 11.2와트로 우리 몸의 평균값(1킬로그램당 1.25와트)보다 아홉 배나 크다. 뇌가 이처럼 낭비벽이 심한 이유는 뉴런$neuron$•이 정보를 전달할 때마다 이온의 농도를 원래 상태로 만들어야 하기 때문이다.

즉 뉴런이 대기 상태일 때는 세포막 바깥쪽의 나트륨 이온 농도가 높다. 자극이 오면 세포막의 통로가 열리면서 나트륨 이온이 안으로 들어와 전압이 바뀌면서 신호가 전달된다. 그 후 내부로 들어온 나트륨 이온을 다시 세포막 바깥쪽으로 내보내 농도 차이를 벌려 다음 자극에 준비한다. 변기의 물을 내리면 또 물을 채워야 하는 것과 마찬가지 원리다. 1.3킬로그램으로 몸무게의 2퍼센트를 차지하는 뇌가 우리 몸이 쓰는 에너지(쉬고 있을 때)의 20퍼센트를 차지하는 이유다.

그 밖에 비싼 조직으로는 끊임없이 움직여야 하는 심장이 킬로그램당 32.3와트로 1등이고 콩팥이 23.3와트, 내장(간 포함)이 12.2와트다. 다들 한시도 쉬지 못하고 일해야 하는 조직이다. 반면 골격근육은 0.5와트(쉬고 있을 때), 피부는 0.3와트에 불과하다.

아이엘로와 휠러는 침팬지의 조직 크기와 비례해 사람의 조직 사이의 비율을 계산한 뒤 실제 비율과 비교해봤다. 그 결과 심장과 콩팥, 간의 크기는 예상과 일치한 반면 뇌는 더 컸고 내장은 더 작았다. 즉 비싼 조직인 뇌가 예상보다 2.4배 더 커질 수 있었

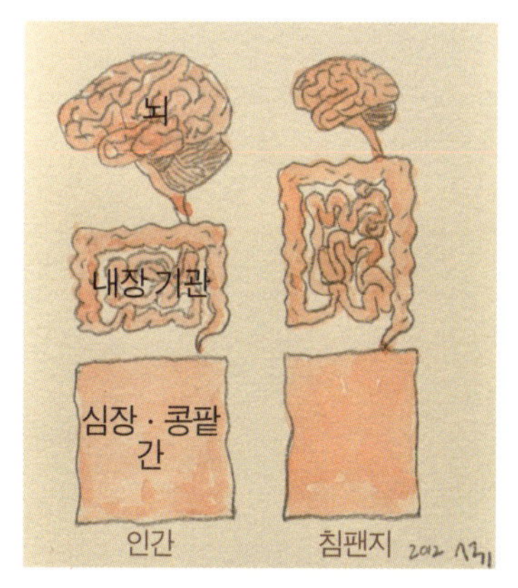

사람과 침팬지의 비싼 조직의 상대적인 양을 비교해보면 심장과 콩팥, 간은 비슷하지만 뇌와 내장에서 큰 차이를 보인다. 이 사실을 바탕으로 뇌와 내장이 서로 상쇄하는 관계라는 게 비싼 조직 가설의 핵심이다.

뉴런 신경계의 단위로 신경세포로 번역한다. 전기신호를 통해 자극(정보)을 전달한다. 우리 뇌에는 뉴런이 수천 만 개 존재한다.

던 건 역시 비싼 조직인 내장을 줄이는 희생이 있었기 때문에 가능했다는 것이 '비싼 조직 가설'의 핵심이다.

저자들은 심장과 콩팥, 간 같은 조직은 더 이상 줄일 여지가 없었던 반면 내장은 그게 가능했다고 주장했다. 음식의 질이 개선됐기 때문이다. 즉 인류는 점점 더 고기를 많이 먹게 됐고 특히 불의 발견에 이은 요리의 발명은 효율적인 영양 섭취를 가능하게 했다는 것이다.

잎 같은 영양분이 낮은 음식을 잔뜩 먹어야 할 필요가 없어지니 내장이 작아졌고 그 결과 뇌는 더 커질 수 있었다. 이들의 논문은 지금까지 800회가 넘게 인용되며 고인류학뿐 아니라 다른 분야에서도 널리 적용되고 있다.

직립보행이 큰 역할 해

그런데 과학저널 〈네이처〉(2011년 11월 30일자)에 비싼 조직 가설이 설득력이 없다는 내용의 논문이 실렸다. 스위스 취리히 대학의 인류학연구소·박물관의 연구자들은 영장류 23종을 포함해 포유류 100종에서 비싼 조직의 비比를 조사했다.

그 결과 뇌가 상대적으로 큰 종이라고 해서 내장이 상대적으로 작지는 않은 것으로 나타났다고 한다. 오히려 뇌가 클수록 평균적으로는 약간 비례해 내장도 크다는 결과를 얻었다.

그렇다면 사람에서 보이는 뇌와 내장의 뚜렷한 반비례 관계는 어떻게 설명할 수 있을까. 저자들에 따르면 사람의 뇌가 급팽창한 건 내장이 작아졌기 때문이 아니라 복합적인 요인의 결과라

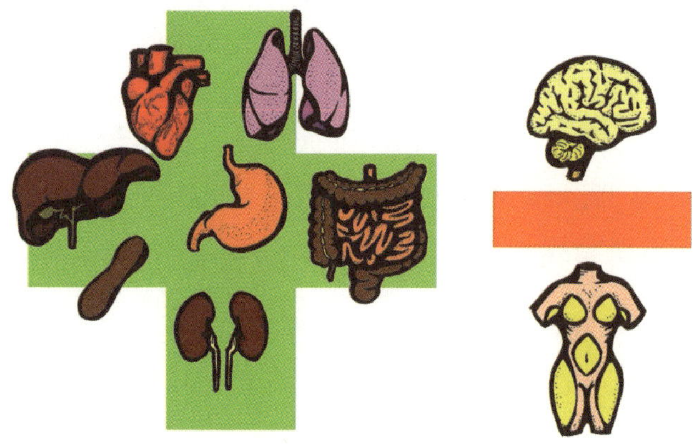

포유류 100종의 비싼 조직을 조사한 결과 뇌와 내장을 포함한 대부분의 비싼 조직은 약간의 비례 관계를 보였다. 유일하게 체지방만이 약간 상쇄하는 관계였다(제공 Ana Navarrete).

고 한다.

먼저 인류가 섭취하는 칼로리가 늘어난 점을 들 수 있다. 고기 섭취의 증가 등 음식의 질이 나아지고 요리를 통해 에너지 섭취 효율이 높아졌다. 또 집단생활을 통해 육아 같은 집안일의 품을 덜 수 있고 음식을 저장해 힘든 시기를 대비할 수 있었다.

또 다른 축은 에너지 할당의 변화다. 저자들은 이동에 드는 에너지가 줄어든 게 상당히 중요하다고 강조한다. 즉 직립보행을 하면서 걷거나 뛰는 데 에너지가 훨씬 덜 들어가게 되면서 그만큼 뇌로 공급될 수 있는 여분이 생겼다는 것이다.

결국 인류의 내장이 작은 건 뇌가 커진 것의 원인(또는 동시에 일어나며 상쇄하는 효과를 낸 사건)이 아니라 결과가 될 수도 있는 셈이다. 즉 뇌가 커져 똑똑해진 인간이 좀 더 영양이 풍부하고 소화가 잘 되는 음식을 먹으면서 내장이 점점 작아졌다고도 볼 수 있다.

서울대학교 치대 교수의 강의를 들은 적이 있는데 그때 요즘 젊은 사람들 가운데는 사랑니가 아예 나지 않는 경우도 꽤 있다는 얘기가 있었다. 워낙 부드러운 음식만 먹다 보니 어금니가 많을 필요가 없고 따라서 사랑니가 나지 않게 되는 것이라는 말이다. 물론 불과 한 세대만에 사랑니 관련 유전자가 변이를 일으킨 건 아니겠지만, 질긴 음식물의 자극이 없어서 사랑니가 나는 걸 유도하는 유전자가 발현되지 않은 것일 수는 있지 않을까.

만일 이런 식생활이 수세대에 걸쳐 지속된다면 그때는 정말 사랑니 관련 유전자가 더 이상 작동하지 않을지도 모른다(변이가 일어나도 도태되지 않으므로). 인류의 내장이 작아진 것도 이런 맥락에서 설명할 수 있겠다는 생각이 문득 들었다.

39

판다는 유전자 고장으로 고기 맛을 몰라~

자이언트 판다가 느긋하게 대나무 식사를 즐기는 모습. 판다가 초식동물이 된 건 최근의 일이라는 사실이 밝혀졌다.

판다가 원래는 육식도 했지만 약 400만 년 전 감칠맛 수용체 유전자에 고장이 나면서 고기 맛을 모르고 지금처럼 대나무만 먹게 됐다는 연구 결과가 소개돼 화제가 됐다(〈분자생물학진화〉 2010년 12월호).

사실 판다의 턱이나 이빨, 소화계 역시 여전히 육식에 적합하게 생겼다. 판다가 속하는 곰과科의 동물들은 과일도 즐기지만 고기도 없어서 못 먹는다.

연구자들은 700만 년 전 판다의 이빨 화석을 분석해 이 녀석들이 이때부터 대나무를 먹었다는 사실을 밝혀냈다. 아마 고기를 구하기 어려워지면서 점차 초식 의존도가 심해졌고 마침내 감칠맛 수용체 유전자●가 고장 나도 사는 데 지장이 없어지기에 이르렀을 것이다. 그렇다면 고기만 먹는 동물들은 단맛을 모를까.

그렇다. 고양잇과 동물들은 단맛 수용체 유전자*가 고장 나 있다는 사실이 2005년 밝혀졌다. 과일에 풍부한 포도당, 과당의 맛을 모르니 이런 걸 먹을 생각을 하지 않는다. 고양잇과는 개목에 속하는데 같은 개목에 속하는 갯과 동물은 단맛을 안다. 결국 육식동물 역시 어느 시점에서 초식의 맛을 잃어버린 셈이다.*

미각의 개인차 커

물론 사람의 단맛과 감칠맛 수용체는 모두 다 온전하다. 우리가 풀뿌리에서 벌레, 상어 지느러미까지 닥치는 대로 먹어대는 잡식동물인 이유다. 그렇다면 우리는 모두 같은 미각의 세계에 살고 있을까. 최근 연구들은 미각의 민감성은 개인 또는 집단에 따라 차이가 있고 이는 이들이 살아온 환경과 관계가 있음을 시사하고 있다.

대표적인 예가 쓴맛 수용체다. 다른 미각과 달리 쓴맛을 감지하는 수용체는 약 30가지나 있는데 이는 쓴맛을 주는 물질의 구조가 다양하기 때문이다. 쓴맛은 먹으면 우리 몸에 해롭다는 신호인데 그런 물질이 한두 가지가 아니기 때문이다.

쓴맛 수용체의 하나인 T2R16은 카사바라는, 전분이 풍부한 식물에 들어 있는 글리코시드^{glycoside}* 분자의 쓴맛을 감지한다. 따라서 보통 사람은 글리코시드의 쓴맛 때문에 카사바를 그 자체로 먹기 어렵다. 한편 카사바를 그냥 먹으면 장 안에서 글리코시드가 소화되면서 세포 독성이 있는 시안화물^{cyanide}*이 만들어진다.

그런데 중앙아프리카의 한 부족은 T2R16에 변이가 일어나 글리코시드의 쓴맛을 잘 느끼지 못한다고 한다. 왜 이런 일이 일어났을까. 알고 보니 이들은 이 일대에 만연한 말라리아에 저항력이 크다고 한다. 카사바의 글리코시드가 몸에 해롭지만 몸에 기생한 말라리아 원충에는 더 치명적이기 때문에 두 효과를 합치면 카사바를 그대로 먹는 게 차라리 나았던 것이다. 결국 T2R16 유전자에 돌연변이가 생긴 사람이 생존과 번식에 유리했고 오늘날 이 지역의 유전자 분포에 반영된 것이다.

미각 수용체의 작용 메커니즘

이런 개인차는 훗날 인류가 만든 문화에 대한 적응력에도 영향을 미친다. 예를 들어 쓴맛 유전자 가운데 하나가 민감한 타입인 사람은 알코올이 유난히 쓰게 느껴져 좀처럼 알코올중독에 걸리지 않는다고 한다. 물론 이 유전자가 둔감한 경우는 알코올에 취약하다. 한편 알코올중독성에는 단맛 수용체 유전자의 민감도 차이도 관여하는 걸로 나타났다.

또 다른 흥미로운 사실은 미각 수용체가 혀나 구강에만 분포하는 게 아니라 장 속 세포에도 있다는 것이다. 뇌의 미각중추로 가는 정보는 어차피 혀나 구강에 있는 수용체에서 오는 걸 텐데 (사탕을 내시경 같은 관을 통해 직접 위로 넣어주면 단맛을 못 느낀다!) 왜 쓸데없이 장에도 미각 수용체가 있을까.

이들은 맛에 대한 정보를 혈당량을 조절하는 뇌의 중추에 전달하는 것으로 알려졌다. 결국 우리 몸은 다양한 경로를 통해 영

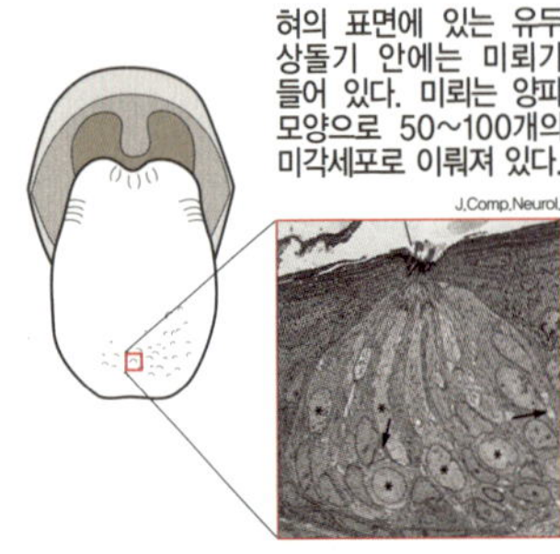

혀의 표면에 있는 유두 상돌기 안에는 미뢰가 들어 있다. 미뢰는 양파 모양으로 50~100개의 미각세포로 이뤄져 있다.

J.Comp.Neurol.

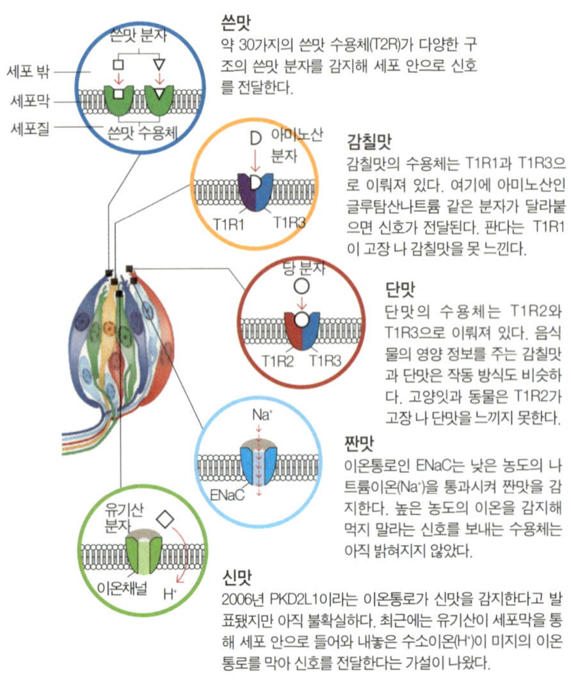

양에 대한 정보를 파악하고 체내 항상성*을 유지하기 위해 최적의 해법을 마련하는 것으로 보인다. 자연선택*의 놀라운 힘인 셈이다.

체내 항상성 외부 요인의 변화에 대하여 생명 현상을 유지하기 위해 일정한 상태를 유지하려는 성질이다.

자연선택 자연계에서 그 생활 조건에 적응하는 생물은 생존하고, 그렇지 못한 생물은 사라지는 일을 뜻하며, 자연도태라고도 한다. 다윈은 자연선택을 생물 진화의 주된 요인으로 제창했다.

사카린의 복권

최근 미국 환경보호청은 인공감미료인 사카린을 '인간 유해물질'의 명단에서 뺀다고 발표했다. 1878년 소개된 사카린*은 지난 30여 년 동안 발암성 논란에 시달려왔다. 설탕보다 무려 500배나 단맛이 강한 사카린은 단 음식을 좋아하지만 살찌기는 싫은 사람들에게 위안거리였다. 사실 인공감미료는 많은 식품에

널리 쓰이고 있는데 다이어트 콜라처럼 노골적으로 단맛을 내는 경우도 있지만 소주처럼 쓴맛을 가리려고 교묘하게 쓰이기도 했다. 2010년 국감에서 우리나라 소주에 인공감미료 아스파탐 aspartame●이 들어 있느냐를 놓고 설전이 벌어지기도 했다.

다른 감각도 마찬가지지만 맛을 느끼는 미각은 우리 주변의 정보를 몸에 알려주는 매체이다. 정보는 정확성이 생명이다. 혀나 장 속의 수용체는 단맛이 실상(천연감미료)인지 허상(인공감미료)인지 구별하지 못한 채 반응해 같은 정보를 보낼 것이다. 사카린의 복권이 그다지 반갑지 않은 이유다.

사카린을 발견한 콘스탄틴 팔베르그

사카린 사카린은 1878년 미국 존스홉킨스대학에서 석탄화합물을 연구하던 화학자 콘스탄틴 팔베르그가 우연히 발견했다. 1850년 12월 22일 러시아에서 태어난 팔베르그는 사카린 특허로 큰 재산을 모았다.

아스파탐 아미노산계 인공감미료로 1965년 우연히 합성됐다. 사카린보다 단맛이 설탕에 더 가깝지만 다소 불안정한 물질이라는 단점이 있다. 사카린의 유해성 논란이 일자 그 대체품으로 널리 쓰이고 있다.

40

암에 걸리지 않는 사람들

에콰도르 내분비 대사 생식연구소 하이메 쿠에바라-아귀레 박사는 유전성 왜소증(라론 증후군)인 사람들을 오랫동안 연구해 암과 관련해 흥미로운 사실을 밝혀냈다. 위는 연구를 시작할 무렵인 1988년 모습이고 아래는 2009년 모습이다(하이메 쿠에바라-아귀레 제공).

TV 프로그램 〈남자의 자격〉에서 가수 김태원 씨가 위암 수술을 받는 장면이 방송되면서 화제가 됐다. 다행히 위내시경 검사에서 초기 암이 발견돼 두 차례 간단한 수술로 완치가 될 것으로 보인다.

사실 나이가 들면서 몸이 예전만 못하다는 걸 느끼게 되면 건강이 주요 관심사로 떠오르기 마련이다. 특히 '나도 암에 걸릴지 모른다'는 불안감은 누구나 갖고 있지 않을까. 실제로 열 명 가운데 두세 명은 암으로 죽으니까.

그동안 "획기적인 항암제로 이어질 발견"이라는 뉴스가 수도 없이 나왔지만 여전히 암의 위세는 꺾일 줄을 모른다. 물론 요즘은 의술이 발달해 암도 일종의 '만성병'이 되고 있다는 얘기도 있지만 말이다.

아무튼 기발한 건강검진법이 있어 "당신은 죽을 때까지 확실히 암에는 안 걸린다"는 진단이 나온다면 당사자는 쾌재를 부를 것이다. 그런데 놀랍게도 정말 암에 걸리지 않는 사람들이 있다고 한다.

암과 당뇨에 대한 '기적의 백신'

과학저널 〈사이언스〉(2011년 2월 18일자)는 자매지인 온라인 저널 〈사이언스 병진의학〉(2011년 2월 16일자)에 실린 논문을 소개했다. 남미 에콰도르의 하이메 쿠에바라-아귀레Jaime Guevara-Aguirre라는 의사의 20년에 걸친 연구 이야기다.

당뇨병 전문의인 쿠에바라-아귀레 박사는 1988년 에콰도르의 희귀한 유전성 왜소증 집단을 연구하기 시작했다. '라론 증후군Laron syndrome'이라 불리는 이들의 증상은 성장호르몬의 신호를 받아들이는 수용체 유전자에 돌연변이가 생긴 결과다. 라론 증후군인 남자 가운데 가장 키가 큰 기록은 140센티미터이고 여자는 124센티미터라고 한다.

그런데 1994년 어느 날 그는 이들에게서 특이한 점을 발견했다. 6년 동안 관찰한 100여 명 가운데 암과 당뇨병에 걸린 사람이 아무도 없다는 것이다. 그 뒤 그는 최근까지 라론 증후군인 152명과 키가 정상인 이들의 친척 1600여 명을 조사했다.

그 결과 라론 증후군인 사람 가운데 한 사람만이 암에 걸렸고 (난소암으로 화학치료 뒤 완치됐다) 당뇨병은 아무도 걸리지 않았다. 반면 친척 가운데 사망한 사람의 17퍼센트는 암이, 5퍼센트는 당뇨병이 원인이었다. 한 유전자의 돌연변이로 키는 잃었지만 암과 당뇨병에 대한 '기적의 백신'을 얻은 셈이다. 그런데 성장호르몬 수용체가 고장 난 것과 암이 걸리지 않는 것이 무슨 관계가 있는 걸까.

암이란 세포분열이 제멋대로 일어난 결과다. 세포분열에 밀접하게 관련된 생체 물질이 바로 성장호르몬growth hormone●이다. 성장호르몬의 신호가 완벽한 통제 아래에서 전달되면 세포가 정상적으로 분열해 성장을 하거나 현 상태를 유지하지만 통제가 안 될 경우 암 조직으로 자란다. 그런데 라론 증후군인 사람의 세포는 신호 자체를 감지하지 못하기 때문에 암에 걸릴 가능성이 원천적으로 봉쇄된 것이다.

당뇨병 역시 성장호르몬과 밀접한 관련이 있는데 라론 증후군인 사람들은 혈중 인슐린insulin● 농도가 매우 낮고 인슐린 민감도는 높아 설사 비만이더라도 당뇨병에는 걸리지 않는다. 그런데도 이들은 오래 살지는 못한다고 한다.

작은 키 때문에 불의의 사고로 사망하는 경우가 많고 간질 같은 신경 질환에 취약하기 때문이다. 아무튼 이번 연구 결과는 암 치료제를 개발하는 데 영감을 줄 것으로 보인다. 그렇다면 사람처럼 돌연변이의 결과가 아닌, 그 종 자체가 암에 안 걸리는 동물은 없을까.

못생겨도 주목받는 벌거숭이두더지쥐

동아프리카에 사는 설치류인 벌거숭이두더지쥐naked mole rat는 정말 이상한 동물이다. 땅속에 미로같이 굴을 파서 백여 마리가 모여 사는(개미처럼 여왕이 있다!) 이 동물은 이름 그대로 몸에 털이 없어 마치 꼬물거리는 쥐 새끼가 그대로 커진 것 같아(눈이 퇴화돼 더 그렇다) 무척 징그럽게 보인다.

이 동물이 과학자들의 주목을 받는 건 이런 외모보다도 더 기괴한 특징 때문이다. 먼저 이 녀석들은 수명이 최대 30년이나 된다. 비슷한 크기인 생쥐의 수명이 3년 남짓인 것을 생각하면 어마어마하게 오래 사는 셈이다. 게다가 이들은 통증을 느끼지 않는다. 그리고 암에도 걸리지 않는다.

암 얘기를 하기에 앞서 다른 특징에 대한 설명을 잠깐 하면 이들의 장수는 대사율metabolic rate●이 굉장히 낮은 것(그 결과 활성산소oxygen free radical●로 인한 세포 노화가 느리게 일어난다)과 관련이 있고 통증을 못 느끼는 건 통증 신호에 관여하는 신경전달물질인 P물질substance P●을 만들지 못하기 때문이다.

한편 지금까지 암에 걸린 벌거숭이두더지쥐가 한 마리도 발견

대사율 개체가 생명을 유지하는 과정에 들어가는 단위 무게당 에너지의 양이다. 보통 몸집이 작은 동물일수록 대사율이 높다.

활성산소 세포 호흡 과정에서 생기는 불안정한 구조의 산소다. 단백질이나 지질 같은 생체분자를 파괴해 노화를 일으키고 암을 유발하기도 한다.

P물질 아미노산 열한 개로 이뤄진 신경전달물질(뉴로펩티드라고 부른다)로 중추신경계와 말초신경계에 널리 분포한다. 염증이나 통증 감각을 전달하는 데 관여할 뿐 아니라 구토 반응, 혈관 확장 등 다양한 생리 활성이 알려져 있다.

굴속에서 사는 설치류인 벌거숭이두더지쥐는 p16이라는 유전자가 세포의 무분별한 증식을 막아 암에 걸리지 않는다(로체스터대학 제공).

되지 않았다고 한다! 이들이 오래 사는 주된 이유이기도 하다. 이들이 암에 걸리지 않는 비밀이 2009년 밝혀졌는데 바로 p16이라는 유전자 때문이다. 이 유전자는 세포가 서로 접촉하게 될 경우 더 이상 자라거나 분열하지 않게 명령하는 역할을 한다.

사실 이런 메커니즘(이를 '접촉 저지contact inhibition'•라고 부른다)은 사람을 포함해 다세포 동물에서 나타나는데(그래야 세포가 제대로 배열돼 조직을 만들 수 있다) 이런 일에는 p27이라는 유전자가 관여한다. 그런데 벌거숭이두더지쥐는 p27에 더불어 p16까지 이런 역할을 해 세포가 접촉 저지에 훨씬 민감하다는 것이다. 따라서 접촉 저지에 둔감한 세포 덩어리인 암이 생기지 않는다.

암에 걸리지 않는 사람이나 동물에 대한 이런 연구 결과들은 암 치료에 희망을 준다. 다만 전문가들은 여기에 관여하는 메커니즘을 그대로 적용하기에는 부작용이 만만치 않을 것이라고 생각한다. 아무튼 이런 현상들의 발견이 뒷받침돼 뛰어난 항암제가 나오기를 기대해본다.

접촉 저지 세포가 서로 가까워졌을 때 세포 성장을 멈추게 하는 메커니즘이다. 접촉 저지 성향을 비교해 정상세포(민감)와 암세포(둔감)를 구분할 수 있다.

감자는 밀, 벼, 옥수수에 이어 생산량이 네 번째로 많은 작물이다. 매년 전 세계에서 새로운 품종이 개발돼 소개되고 있다(사진 제공 ARS).

다음 중 구황작물은?

① 벼 ② 고추 ③ 인삼 ④ 감자

요즘도 이런 문제가 나오는지 모르겠지만 (쌀에 보리를 제대로 섞었는지) 도시락 검사를 하던 필자의 어린 시절에는 본 기억이 난다. 구황救荒작물이란 곡물이 흉년이 들어 힘든 시기를 버티어 나갈 수 있게 해주는 작물로 감자나 고구마가 대표적인 예다.

다이어트를 하는 사람들을 빼면 배고픔을 거의 느끼지 않는 요즘이지만 감자나 고구마는 여전히 식탁에 오르고 있다. 특히 감자는 많은 요리에서 빼놓을 수 없는 재료다. 감자가 빠진 된장찌개나 카레, 감자탕(돼지 뼈가 주재료로 보이는데 어떻게 이런 이름이 붙었을까?)을 먹는다면 뭔가 허전할 것이다. 감자칩이나 프렌치프라이도 빼놓을 수 없는 아이템이다.

4I

아십니까? 감자가 인간보다 복잡하다는 사실을……

물론 이런 요리 재료로서가 아니라 그냥 껍질째 찐 감자도 별미다. 펄이 잔뜩 들어 있는 색조 화장품을 바른 아가씨의 볼처럼 반짝반짝 빛을 반사하는 전분 가루가 표면에 묻어 있는 파삭파삭한 찐 감자를 생각하면 입맛이 다셔진다.

생산량 4위의 작물

감자는 고추나 토마토, 담배 같은 다른 가짓과科 작물과 마찬가지로 중남미가 원산으로 페루에 도착한 스페인 사람들을 통해 16세기 유럽으로 전달됐고 그 뒤 전 세계로 퍼졌다. 미국의 작가 래리 주커먼이 쓴 『감자 이야기』를 보면 감자가 어떻게 사람들이 기피하는 작물에서 없어서는 안 되는 작물로 승격됐는지를 잘 그려놓았다.

감자를 처음 본 사람들은 땅속에서 캐내는 이 못생긴 덩어리를 악마가 준 선물이라며 기피했지만 척박한 토양에서도 잘 자라고 밀 같은 기존 작물과 견주어 농사짓기도 쉬운데다가 수확량도 많았기 때문에 결국은 받아들일 수밖에 없었다고 한다. 감자는 탄수화물이 주성분이지만 칼슘과 비타민A, 비타민D를 빼면 거의 모든 필수 영양소가 들어 있는 건강식품이다.

그래서인지 감자가 본격적으로 보급된 영국과 아일랜드는 18세기 중반부터 인구가 급증했는데 특히 가난했던 아일랜드가 그랬다. 1732년 220만~300만 명이던 인구는 1791년 420만~480만 명으로 두 배 늘었고 1841년에는 820만~840만 명으로 100년 만에 거의 네 배가 됐다. 당시 아일랜드 사람의 40퍼센트가 거의 감자만 먹고 살았다고 한다.

그러던 1845년 그 유명한 '아일랜드 대기근'이 닥쳤다. 하루 아침에 감자가 초토화되는 감자 마름병potato blight●이 엄청난 속도로 퍼지면서 수확량이 40퍼센트나 줄었는데 그 이듬해에는 심은 감자의 무려 90퍼센트가 희생됐다. 한 해를 건너뛴 1848년 다시 병이 창궐해 감자 농사는 결딴이 났다. 1845년부터 1849년까지 계속된 재앙으로 아일랜드 인구의 8분의 1인 100만 명이 굶어죽었다.

절망한 사람들은 신대륙으로 이민 길에 올랐는데 이 재앙 뒤 60년 동안 무려 500만 명이 조국을 등졌고 그 결과 1911년 아일랜드의 인구는 440만 명으로 반 토막이 났다. 오늘날 북미에 아일랜드계가 많은 건 감자 마름병 때문이라는 말이 있는 이유다. 미국의 케네디 대통령도 대기근을 피해 미국으로 이민 간 아일랜드인의 후손이다.

오늘날 전 세계 감자 생산량은 3억 3000만 톤(2009년 현재)으로 이는 밀, 벼, 옥수수 다음 가는 물량이다. 지구촌 사람 한 명당 1년에 감자 33킬로그램을 먹는다(나머지는 주정 등 여러 용도로 쓰인다). 현재 감자 생산량 1위국은 중국이고 전 세계 감자 생산량의 3분의 1이 중국과 인도에서 소비된다. 감자는 여전히 값싸고 안정적인 식량으로서 가난한 나라들을 떠받치는 역할을 톡톡히 하고 있다. 유엔은 2008년을 '세계 감자의 해'로 선언하기도 했다.

놀랍게도 아일랜드 대기근의 원인이었던 감자 마름병은 여전

감자 마름병 특정 난균류에 감염된 감자 식물체에 나타나는 병이다. 잎이 까맣게 타들어가며 마르고 덩이줄기(감자)는 썩어 들어가 결국 못 먹게 된다.

히 골칫거리라고 한다. 매년 감자 마름병으로 인한 손실액이 7조원에 이를 정도다.

감자 유전자 수 사람보다 훨씬 많아

과학저널 〈네이처〉(2011년 7월 14일자)에는 감자게놈 해독에 대한 연구 결과가 표지 논문으로 실렸다. 국제공동연구팀인 감자게놈서열분석컨소시엄은 중남미의 야생 감자에 가까운 품종과 우리가 익숙한 형태의 감자가 열리는 개량 품종 두 가지의 게놈을 분석했다.

감자게놈의 크기는 8억 4400만 염기쌍으로 사람의 30퍼센트가 채 안 되지만 유전자수는 3만 9000여 개로 2만 3000여 개인 사람보다 훨씬 많다. 게놈에서 유전자를 암호화하지 않는 부분이 상대적으로 적기 때문이다. 이제 막 게놈이 해독됐기 때문에 자세한 분석 결과는 차후에 나오겠지만 연구자들은 특히 두 가지 측면을 주목하고 있다.

먼저 우리가 감자라고 부르는 덩이줄기가 생기는 데 관여하는 유전자와 그 네트워크를 분석하는 일이다. 연구자들은 손가락처럼 왜소한 감자가 열리는 야생종과 주먹만 한 감자가 열리는 개량종의 유전자와 그 발현 패턴을 비교함으로써 덩이줄기의 생물학을 규명할 수 있을 것으로 보고 있다. 실제로 녹말을

이번 감자게놈 해독에 쓰인 품종 두 가지로 왼쪽(DM)은 야생에 가까운 종류로 식물체도 작고 덩이줄기도 왜소하다. 반면 오른쪽 개량종(RH)의 덩이줄기는 우리가 익숙한 모습이다(사진 제공 : 〈네이처〉).

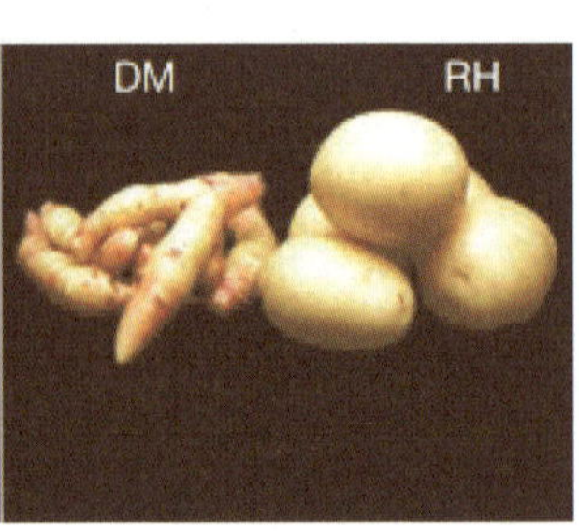

합성하는 데 관여하는 유전자들이 개량종에서 3~8배 더 많이 발현한다는 데이터를 얻었다.

두 번째로는 감자의 질병저항성에 대한 유전자 네트워크 연구다. 감자 유전자 가운데 상당수가 질병저항성에 관여함에도 감자 마름병에 취약한 이유와 이를 극복할 수 있는 개량 품종을 만드는 데 질병저항성 유전자 연구가 큰 도움이 될 전망이다.

지피지기의 심정으로

흥미롭게도 감자 마름병을 일으키는 병원체의 유전자는 이미 2009년에 해독돼 그 결과가 〈네이처〉에 표지 논문으로 실렸다. 이 병원체의 학명은 파이토프토라 인페스탄스*Phytophthora infestans*로 속명屬名 파이토프토라는 그리스어로 '식물 파괴자'란 뜻이다. 파이토프토라 속에는 70여 종이 있는데 대부분 식물에 치명적인 천적으로 각 종마다 '타깃'이 정해져 있다.

파이토프토라가 감자 마름병의 병원체임이 밝혀진 뒤에도 한동안 사람들은 파이토프토라가 진균류(곰팡이)라고 생각했다. 그런데 뒤에 유전자 서열 비교 분석을 통해 이들이 식물플랑크톤*phytoplankton*●인 규조류나 황갈조류에 가까운 난균류*oomycetes*●임이 밝혀졌다. 수억 년 전 광합성을 하던 한 종류가 엽록체를 버리고 다른 식물체를 공격해 살아가는 무시무시한 병원체로 진화해온 셈이다.

파이토프토라 인페스탄스는 게놈 크기가 2억 2900만 염기쌍에 유전자 수는 1만 7800개에 이른다. 단순한 진핵생물체*eukaryote*●로

식물플랑크톤 해양이나 민물에 떠다니는 단세포 생명체로 엽록체가 있어 광합성을 한다.

난균류 균류의 일종으로 주로 수중의 동식물에 기생하나 육상 식물에 기생하는 종류도 있다.

진핵생물체 세포핵이 있는 세포로 이뤄진 생명체다. 단세포생물인 효모에서 다세포생물인 사람까지 다양한 종류가 있다.

는 꽤 많은 편이다. 예상대로 이들 유전자의 상당수가 숙주(감자)에 침입하고 숙주를 파괴하는 데 관여하는 것으로 확인됐다. 그런데 그 실상이 너무 복잡하고 교묘해서 지금까지 수많은 노력에도 불구하고 마름병이 퇴치되지 않은 게 수긍될 정도였다.

그런데도 파이토프토라 게놈 해독(지피知彼)에 이어 감자게놈까지 해독(지기知己)되면서 언젠가는 감자 마름병을 정복할 수 있다는 희망이 보이고 있다. 이 병이 어떤 메커니즘을 통해 전염되고 확산되는지를 유전자 차원에서 추적할 수 있기 때문이다. 그 옛날 『손자병법』에서도 "적을 알고 나를 알면 백 번 싸워도 위태롭지 않다知彼知己百戰不殆"고 말하지 않았던가.

무슨 일의 기본을 착실하게 몸에 익히려면
많은 경우 육체적인 아픔이 필요한 것이다.

무라카미 하루키

무라카미 하루키의 회고록 『달리기를 말할 때 내가 하고 싶은 이야기』를 읽었다. 대학 졸업 뒤 재즈카페를 경영하던 하루키는 스물아홉 살이던 1978년 어느 날 야구장에 갔다가 공을 치는 경쾌한 배트 소리에 '그렇지, 소설을 써보자'는 생각이 떠올랐다고 한다. 이렇게 시작한 작품 『바람의 노래를 들어라』로 이듬해 문예지의 신인상을 타고 책으로 출판하면서 그의 작가 생활이 시작됐다.

"이제부터의 긴 인생을 소설가로 살아갈 작정이라, 체력을 지키면서 체중을 적절히 유지하기 위한 방법을 찾지 않으면 안 되었다."

3년 뒤 전업 작가가 되기로 한 하루키는 이렇게 달리기를 시작
했다. 그는 아침 5시 전에 일어나 밤 10시 전에 자는 규칙적인
생활을 20년 넘게 유지해오면서 『상실의 시대』를 비롯해 많은
작품을 꾸준히 펴내며 세계적인 작가가 됐다.

하루키는 지금까지 25회나 마라톤을 완주했는데 그가 이렇게
운동을 계속하는 까닭은 '소설을 착실하게 쓰기 위해서 신체 능
력을 가다듬어 향상시키기 위해서'라고 한다. 보통 작가라면 불
규칙한 생활과 일탈의 와중에 영감이 오면 절에 들어가 작품을
탈고하는 모습이 떠오르지만 하루키는 "계속하는 것―리듬을
단절하지 않는 것. 장기적인 작업을 하는 데에는 그것이 중요하
다"고 강조하고 있다.

책을 읽다 보니 문득 수년 전 본 어떤 글이 생각났다. 미국의
월간 과학지인 〈디스커버Discover〉에 실린 기사인데 제목이 멋있
다. 「Born to Run」. 굳이 번역하면 '달리기 위해 태어난' 정도
인데 묘미가 없다. 기사의 요지는 인체의 많은 부분이 달리는 데

적합하게 진화돼 있다는 것이다. 또 달리는 건 빨리 걷는 게 아
니라 본질적으로 다른 이동 양식이라고 한다.

즉 걸을 때는 다리를 쭉 뻗은 채 발 뒤꿈치가 먼저 땅에 닿는다.
몸통은 꼿꼿이 서 있고 걷는 동안 몸의 무게중심 높이도 별로 변
하지 않는다. 반면 뛸 때 우리 다리는 스프링 역할을 한다. 공중
에 떠 있는 몸의 무게는 땅에 닿는 발의 앞쪽에 다 실린다. 그 뒤
무릎이 굽었다가 다시 펴지며 그 반동력으로 몸이 팅겨 나가며
앞으로 전진한다. 즉 뛸 때는 몸의 무게중심이 많이 오르내린다.

달리기처럼 크게 흔들리는 몸동작에도 우리가 쓰러지지 않는
까닭은 몸의 근육이 정교하게 균형을 잡아주기 때문이다. 특히
엉덩이를 이루고 있는 큰볼기근gluteus maximus muscle•이 달릴 때
중요한 역할을 한다. 사실 우리 몸에서 가장 큰 근육이라는 큰볼
기근 덕분에 사람은 통통하게 부풀어 오른 엉덩이를 자랑한다.
우리의 가까운 친척인 침팬지의 빈약한 엉덩이를 생
각해보라.

역시 두 다리로 뛰는 동물인 캥거루는 커다란 꼬리
로 몸의 균형을 잡는데 사람은 그 역할을 큰볼기근
이 한다. 실제로 큰볼기근에 전극을 대고 근육의 활
동을 조사해보면 걸을 때는 활동이 미미하다가 뛰는
모드로 바뀌면서 급격히 활동이 증가한다고 한다.
달릴 때 몸이 앞으로 쏠리지만 넘어지지 않는 것도
큰볼기근이 뒤에서 잡아주기 때문이다.

한편 사람에서 장딴지근육을 발꿈치 뼈에 연결하

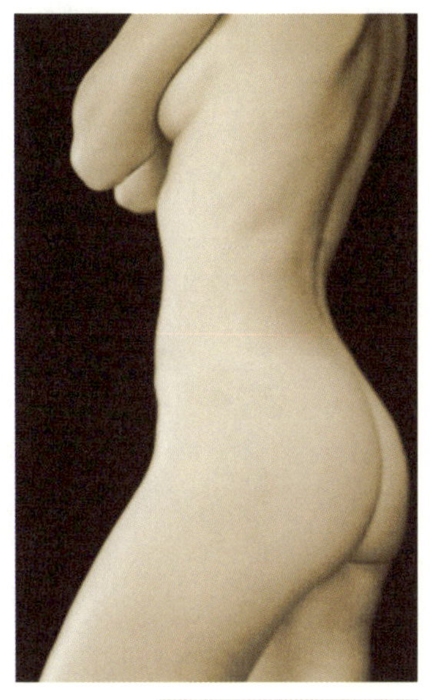

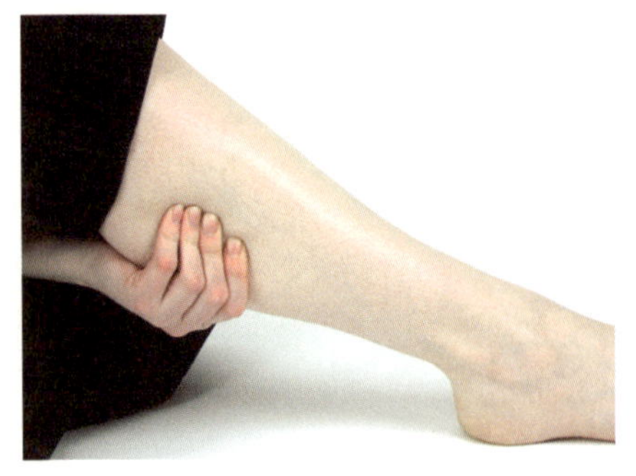

는 아킬레스건이 잘 발달된 것도 달리기 위해서다. 걷는 게 전부라면 굳이 이렇게 크고 튼튼할 필요는 없다. 목덜미 인대도 달릴 때 머리가 흔들려 충격을 받는 걸 막아주기 위해서 생겼다. 목이 긴 것도 달리면서 어깨가 좌우로 움직일 때 머리가 따라 돌아가지 않도록 균형을 잡기 위해서다. 침팬지의 경우는 머리에서 짧은 목을 거쳐 어깨까지 이어지는 두꺼운 근육 때문에 머리와 어깨가 사람처럼 따로 놀지 못한다.

팔이 짧은 대신 다리가 긴 것 역시 달리는 데 유리한 구조다. 또 몸에 털이 없고 땀구멍이 전신에 퍼져 있는 것도 달리는 데 적합한 구조다. 달릴 때는 쉬고 있을 때와 견주어 몸에서 나오는 열이 여섯 배나 되기 때문에 이를 효과적으로 배출하지 못하면 오래 달릴 수가 없다.

사람이 얼마나 달리는 데 적합한 동물인지는 개를 키워본 사람은 알 것이다. 얼핏 생각하면 개가 훨씬 잘 달릴 것 같지만 어느 거리가 넘으면 개는 더 이상 달리지 못한다. 체온이 올라가 죽을 수도 있기 때문이다. 심지어 말도 수십 킬로미터 거리가 되면 사람에게 뒤진다. 사람이 이처럼 타고난 장거리 주자가 된 건 사냥을 위해서라고 한다.

선사시대 인류가 창이나 돌도끼로 동물을 잡았다고 생각하지만 실제로는 동물이 지칠 때까지 끈질기게 쫓아다녀 잡았다고 한다. 실제 아프리카에서 사냥을 하는 부족을 조사한 결과 시속

6~9킬로미터의 속도로 하루에 35킬로미터를 달리는 걸로 나타
났다. 참고로 마라톤 선수들은 42.195킬로미터를 대략 시속 19
킬로미터의 속도로 달린다. 마라톤 선수들을 보면 하나같이 몸
이 홀쭉하고 동작이 가볍다. 오늘날 만연된 비만과 당뇨병도 알
고 보면 사람들이 '달리는 기계'인 자신의 몸을 제 용도로 쓰지
않기 때문인지도 모른다.

필자는 20대 후반 직장 체육대회 때 5킬로미터 코스를 괜찮은
성적에 달린 적이 있다. 그런데 '나이가 들수록 뛰는 것보다는
걷는 게 건강에 좋다'는 생각에 그 뒤 달리기를 거의 하지 않았
다. TV에서 마라톤 대회에 모인 나이 든 사람들을 보면 '저 나이
에 무리하면 무릎관절에 문제가 생길 텐데'라며 혀를 차곤 했다.

「Born to Run」기사를 읽고 필자는 새로운 깨달음에 무릎을
치며 '그래, 내일부터 달리자!'고 결심했다. 하지만 다음 날 '공
기도 안 좋은데 오히려 해가 되지 않을까?'라는 자기합리화로 흐
지부지된 기억이 난다.

그런데 또 이렇게 달리기에 대한 관심이 되살아났다. 정말 주
말에는 달려야겠다. 하루키는 자신의 묘비명에 이렇게 써넣고
싶다며 글을 마쳤다.

무라카미 하루키

작가(그리고 러너)

1949~20＊＊

적어도 끝까지 걷지는 않았다.

PART 8

비엔나커피

음식에 담긴 과학 이야기

과학의 비엔나커피

비엔나에는 비엔나커피가 없다.

비엔나커피의 정체는 아인슈페너Einspanner,

아인슈페너는 한 마리의 말이 끄는 마차와 마부를 뜻한다.

아인슈페너 커피는 카페로 들어오기 어려운 마부들이

한 손으로는 말고삐를 잡고

다른 한 손으로는 설탕과 생크림을 듬뿍 넣은 커피를

마차 위에서 마시게 된 것이 시초였다.

비엔나커피가 먼 길을 가는 마부에게

길 위의 따뜻한 한 끼 식사가 되어준 것처럼

과학은 우리가 먹고 마시는 음식 속에도 녹아 있다.

먹을 수 있는 과학 이야기, 과학의 비엔나커피

43

자연의 우연이 준 선물

가론 강과 시롱 강이 만나는 곳.

얼마 전 모처럼 소테른 와인을 마셨다. 프랑스의 와인 주산지인 보르도 남동부의 작은 지역인 소테른Sauternes은 독특한 화이트 와인으로 유명하다. 곰팡이가 핀 포도를 수확해 만든 와인이기 때문이다. 포도송이에서 곰팡이가 핀 걸 골라 없애고 난 뒤 즙을 짰다고 해도 개운치 않을 텐데 일부러 곰팡이가 핀 포도를 쓰다니. 게다가 소테른 와인은 보통 화이트 와인보다 훨씬 비싸다. 도대체 어떻게 된 영문일까.

이 일대는 가론Garonne 강과 시롱Ciron 강이 흐르는데 보르도 남동쪽에서 두 강이 합류해 북서쪽으로 흘러간다. 두 강이 만나는 사이가 소테른 지역이다. 가을밤, 차가운 시롱 강과 따뜻한 가론 강이 만나면서 짙은 안개가 피어 이 지역의 포도밭을 덮는데 다음 날 아침 늦게까지 머문다. 이때 포도껍질에 붙어 있던 보트리티스 시네레아Botrytis cinerea라는 곰팡이의 포자가 깨어난다. 이렇

게 몇 주가 지나면 회색 곰팡이가 핀 쭈글쭈글한 포
도송이가 남는데 이걸 수확해 포도주를 담근다.

소테른 와인은 일반 화이트 와인에 비해 노란색이
짙고 꿀 같은 향이 난다. 또 무척 달고 약간 걸쭉한
느낌이다. 화이트 와인 한 병에 꿀 한 숟가락을 넣고
잘 섞은 것 같다고 할까. 보트리티스가 감염되면 포
도 알맹이의 타타르산tartaric acid과 당분이 급격히 늘
어나고 글리세롤 함량이 높아져 점도가 커진다. 또
포도의 향도 변한다고 한다. 곰팡이가 펴 흉하게 변
했지만 그 대가로 기존 와인에서는 기대하지 못했던
맛과 향을 갖게 된 셈이다. 그래서일까. 와인 애호가인 영국인들
은 이 곰팡이에 noble rot, 즉 '고귀한 부패'라는 이름을 붙였다.
그래서 소테른 와인을 귀부貴腐 와인이라고 번역하기도 한다.

회색 곰팡이가 핀 쭈글쭈글
한 포도송이

다이어트에 도움되는 그레이프프루트

자몽으로 더 많이 알려진 그레이프프루트는 다른 방식으로 자
연이 인류에게 준 선물이다. 그레이프프루트는 18세기 중미 카리
브 해 제도의 한 곳(자메이카가 가장 유력한 후보지다)에서 스위트오
렌지와 포멜로pomelo라는 감귤류 식물이 자연교배해 탄생했다.
소프트볼 공만한 이 과일을 왜 그레이프프루트grapefruit, 즉 포도
열매라고 부를까. 열매가 워낙 다닥다닥 나무에 붙어 있다 보니
멀리서 보면 마치 포도송이처럼 보여 이런 이름을 얻었다고 한다.
취향이겠지만 필자는 오렌지보다 그레이프프루트를 좋아한

자몽의 부모인 스위트오렌지(위, 왼쪽)와 포멜로(위, 오른쪽). 그 사이에서 태어난 자식 자몽, 그레이프프루트

다. 시원하면서도 달콤한 오렌지 향도 좋지만 좀 더 맑고 선선한 그레이프프루트의 상쾌함은 일품이라는 생각이 든다. 과즙의 맛도 오렌지는 너무 단데 그레이프프루트는 적당한 단맛에 씁쓸한 맛이 어울려 미묘한 뉘앙스를 풍긴다. 그레이프프루트의 독특한 쓴맛은 나린진naringin이라는 성분 때문이다.

그런데 수년 전부터 그레이프프루트가 인기를 얻고 있다. 과즙에 포함된 나린진의 쓴맛이 식욕을 떨어뜨려 다이어트에 도움이 된다는 연구 결과가 나왔기 때문이다. 나린진은 이 밖에도 항

산화 작용, 혈중 지질 농도를 낮추는 작용, 항암 작용이 있는 것
으로 알려져 있다.

다만 한 가지 주의할 점은 나린진이 우리 몸에서 약물의 대사
에 관여하는 효소의 작용을 억제한다는 사실이다. 따라서 중요
한 약을 복용할 때는 그레이프프루트를 많이 먹지 않아야 한다.

오렌지 나무가 포멜로를 만나지 못했다면 그레이프프루트는
존재하지 않을 것이다. 포멜로는 가장 큰 감귤류로 배구공만한
데 그레이프프루트는 오렌지와 포멜로의 중간 크기다. 흥미롭게
도 포멜로는 달콤하고 다소 싱거운 맛으로 그레이프프루트의 쓴
맛이 거의 느껴지지 않는다고 한다. 그렇다면 그레이프프루트의
독특한 맛과 향은 어디서 왔을까.

44

미수(米壽)의 인류학자, 발효에 빠지다

2010년 11월 4일 대우재단빌딩에서 발효를 주제로 세미나를 진행하고 있는 시드니 민츠 교수(사진 강석기).

"막걸리도 맛있었고…. 여러분의 따뜻한 대접에 감사합니다."

2010년 11월 4일 서울 남대문로의 대우재단빌딩에서 '발효'에 관한 세미나를 시작하기 앞서 미국 존스홉킨스대학의 시드니 민츠Sidney Mintz(1922~) 교수는 이렇게 말을 꺼냈다. 당시 88세로 미수의 나이였던 민츠 교수는 생존해 있는 인류학의 대가大家다.

그는 1948년 중미 카리브 해의 푸에르토리코의 사탕수수 농장에서 일꾼들과 1년 동안 함께 노동자로 생활하며 그들의 삶을 연구하는 작업을 시작으로 이 지역에 대한 오랜 기간에 걸친 인류학 연구를 수행한 것으로 유명하다.

그가 1985년 펴낸 책 『설탕과 권력Sweetness and Power』(한국판, 1998)은 설탕이라는 식료품을 통해 들여다본 식민지와 제국주의, 계급과 취향의 변화 등을 추적해간 역작이다.

『설탕과 권력』 1장에서 그는 식품을 통해 인류학을 연구한 오드리 리처즈^{Audrey} Richards(1899~1984)●의 말을 인용하면서 이야기를 풀어나간다. 사람들은 '없어도 살 수 있는' 성^性을 논한 지그문트 프로이트 Sigmund Freud(1856~1939)에는 그렇게 관심을 가지면서도 정작 '규칙적으로 섭취하지 않으면 죽게 되는' 식품에 대해서는 대체로 무관심하다는 것이다.

민츠 교수의 주요 저서인 『설탕과 권력』은 대중적으로도 큰 성공을 거뒀다. 저자의 친필 사인(사진 강석기).

서구에는 없는 콩 발효 식품

카리브 해 사탕수수 농장의 삶을 연구하다 설탕에 관심을 갖게 됐던 민츠 교수가 이번엔 또 어떻게 발효에 관심을 갖게 됐을까. 발효란 식품이 미생물의 작용을 받아 변하면서 저장성이 좋아지고 맛과 영양이 바뀌는 과정이다. 민츠 교수는 "발효는 다른 동물에서는 볼 수 없는 인류만의 기술"이라며 "이를 통해 때가 지나버리는 음식을 크게 줄일 수 있었다"고 덧붙였다.

생각해보면 발효는 대단히 신비한 현상이다. 보통 미생물이 식품을 변화시키면 사람이 못 먹게 되는데 우리는 이럴 때 '썩었다'는 표현을 쓴다. 발효의 재료가 되는 식품 역시 부패의 길을

오드리 리처즈 영국의 인류학자로 주로 아프리카 사하라 사막 이남에서 연구를 수행했다. 사람들의 일상생활을 관찰하며 음식물이 삶에 미치는 영향을 연구해 영양 인류학이라는 분야를 개척했다.

갈 수도 있다. 몇 해 전 TV 뉴스에 나온, 중국에서 수입된 배추가 컨테이너 안에서 썩어 문드러진 모습이 그 예다. 결국 식재료를 발효의 과정으로 이끄는 미생물이 우세하게 번식할 수 있는 환경을 만드는 게 발효의 비법인 셈이다.

발효식품은 지역이나 풍토, 구할 수 있는 식품의 종류에 따라 다양하다. 목축을 하는 곳에서는 유가공품이, 동아시아에서는 콩 발효식품이, 그리고 세계 곳곳에서는 고유한 술이 빚어졌다. 그런데 발효식품은 과일이나 고기 같은 신선 식품과 본질적인 차이가 있다. 다른 지역의 발효식품을 처음 접했을 때 사람들 대다수는 얼굴을 찡그린다는 것이다. 동양인이 치즈 냄새를, 서양인이 된장 냄새를 처음 맡을 때 그렇다.

과일의 달콤한 맛과 향은 탄수화물이 풍부하다는 정보이고 고기의 구수한 맛은 단백질이 풍부하다는 뜻이다. 따라서 잡식동물인 사람은 이런 맛과 향을 좋아하도록 진화됐다고 진화론자들은 설명한다. 따라서 지역에 따라 선호도에 극단적인 차이를 보이는 발효식품에는 이런 해석이 적용되지 않는다.

그러나 발효식품을 자꾸 접하다 보면 이런 부정적인 반응이 줄어들면서 어느 순간 그 음식을 좋아하게 된다. 쓴 커피를 즐기는 것처럼 본능을 극복한 문화적인 현상(학습)인 셈이다.

민츠 교수는 고려대학교의 식품공학부 이철호 교수가 쓴 한국의 발효 기술에 관한 문헌을 감명 깊게 읽었다며 한국을 비롯한 동아시아 국가의 콩 발효 식품에 깊은 관심을 보였다. 반反환경적인 육류 대신 양질의 단백질을 줄 수 있기 때문이다.

식품의 산업화에 비판적인 민츠 교수는 "요즘 여성들은 요리를 잘하는 여성을 보면 감탄하지만 아무도 그렇게 되고 싶어 하지는 않는다"며 "요리는 하지 않고 사온 음식을 펼쳐놓을 뿐인 곳은 더 이상 부엌이 아니다"라고 말했다. 그에게 인간의 정의 가운데 하나는 '요리하는 동물'이기 때문이다.

"저에게 발효가 늘 경이로운 주제였기 때문에 어렵지만 연구에 뛰어들었습니다. 발효를 이해하려다 보니 요즘 화학을 공부하고 있습니다. 여든여덟에 말이죠. 허허!"

2시간 내내 진지한 분위기 속에서도 간간이 유머를 섞어가며 세미나를 진행하는 모습에서 민츠 교수야말로 '경이로운' 학자가 아닌가 하는 생각이 들었다. 그의 마지막 주제가 될지도 모를 발효에 대한 연구가 『설탕과 권력』 같은 명저로 결실을 맺기를 바란다.

45

이스트 안 들어간 빵?

사진 김인규

"봉빵은 없나요?"

"네. 다 나갔는데……."

2010년 여름 드라마 〈제빵왕 김탁구〉가 엄청난 인기를 끌면서 드라마에 나온 '봉빵'을 한 제빵업체에서 선보였다. 허구의 이야기가 현실이 된 셈이다. 일요일 낮에 어딜 다녀오다 그 회사 체인점이 보여 들렀는데 벌써 품절이란다. '도대체 봉빵이 뭐기에…….' 없다니까 더 먹고 싶다. 결국 다음 날 출근길에 사와서 먹어봤다.

개인의 취향이겠지만 필자는 별로였다. 게다가 빵 하나가 40그램으로 보통 단팥빵의 절반인데 가격은 1000원 꼴이다(3000

원짜리 한 박스에 세 개가 들어 있다). 드라마에서 봉빵이 관심을 끌게 된 건 이스트 없는 빵을 만드는 경합이 벌어지면서부터다.

봉빵은 빵집 주인인 팔봉 선생이 수년의 연구 끝에 만든 빵으로 선량한 주인공 김탁구와 수단 방법을 안 가리는 라이벌 구마준이 이를 재현하는 경합을 벌인 것이다. 이야기가 전개되면서 봉빵의 비밀은 이스트 대신 주종酒種을 넣었다는 사실이 밝혀진다. 주종이란 막걸리 같은 곡주를 만들 때 필요한 씨앗, 즉 발효 미생물의 덩어리다.

이스트＝효모

드라마를 보면서 필자는 약간 혼란스러웠는데 이스트를 넣지 않는 빵을 만드는 데 어떻게 주종을 쓸 수 있는가 하는 점이었다. 빵을 만들 때 넣는 가루인 이스트yeast는 사실 미생물 덩어리이고 똑같은 미생물이 주종에 들어 있기 때문이다.

결국 빵 반죽을 부풀게 하는 건 이스트가 당분을 소화할 때 알코올과 함께 나온 이산화탄소 기체가 글루텐으로 끈적끈적한 빵 반죽을 미처 빠져나가지 못한 결과이기 때문이다.

물론 주종에는 이스트뿐 아니라 누룩곰팡이 등 여러 미생물이 섞여 있다. 쌀이나 밀 같은 곡류를 발효시켜 술을 만들려면 먼저 고분자인 녹말을 누룩곰팡이green mold가 포도당 같은 당분으로 분해해야 이를 이스트가 발효해 알코올酒精을 만들 수 있기 때문이다. 따라서 만일 주종에 이스트가 들어 있지 않다면 시큼한 냄새만 날 뿐 반죽은 부풀지 않을 것이다.

이스트가 반죽 속의 당분을 소화해 이산화탄소 기체를 발생시키면 반죽이 부푼다. 물리의 관점에서 빵은 고체 거품이다(사진 위키피디아).

제빵왕 김탁구의 봉빵 처방대로 만들었다는 한 업체의 '주종 봉 단팥빵'의 원재료를 보면 조제종국(전분질 원료에 누룩균을 접종해 배양한 분말)과 함께 효모도 있다. 이 둘을 합친 게 주종이란 뜻이다. 그런데 이스트가 한자어로 효모酵母다. 결국 주종 봉 단팥빵은 막걸리의 풍미를 주기 위해 종국을 넣고 여기에 반죽을 부풀게 하려고 이스트를 섞었는데 이를 굳이 효모로 표기한 것 같다. 필자의 억측일까.

이스트, 실체 모른 채 수천 년 사용

빵을 만들 때 넣는 가루(과립) 형태의 효모, 즉 '드라이 이스트dry yeast'의 개발은 사실 제빵의 역사에서 기념비적인 사건이다. 언제부터 반죽에 이스트를 넣어 부풀어져 먹기 좋은 빵을 만들었는지는 모르지만 아마도 방치해 둔 반죽이 이스트에 '오염'되면서 반죽이 부푸는 현상을 처음 발견했을 것이다. 이스트의 실체를 몰랐던 사람들은 반죽을 일부 떼어내 다음 번 반죽에 섞는 방식으로 부푼 빵을 계속 만들 수 있었다.

19세기 프랑스의 미생물학자 파스퇴르Louis Pasteur(1822~1895)가 발효의 실체를 밝히고 이스트가 특정한 미생물임을 확인했다. 그 뒤 사람들은 20세기로 넘어갈 무렵 이스트만을 분리해 배양하는 기술을 확립했다. 그 결과 이전에 다른 미생물과 섞여 있는

루이 파스퇴르 19세기를 대표하는 화학자, 미생물학자로 외부와 차단돼 미생물이 침입하지 못하면 육즙이 썩지 않는다는 사실을 증명해 하등생물이 무생물에서 저절로 생겨난다는 당시 믿음을 종결시켰다.

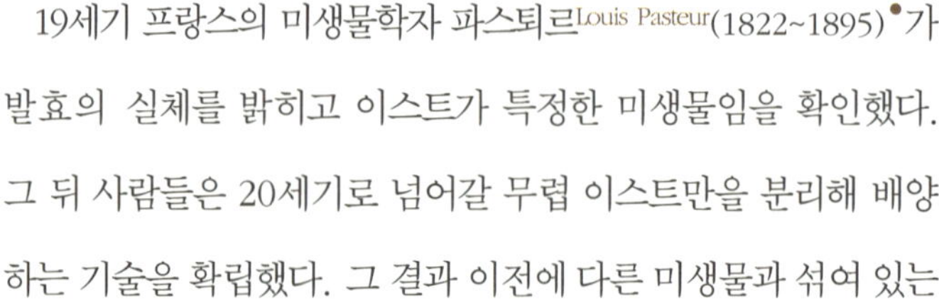

바람에 생겨나는 발효 과정의 여러 문제점이 해결되기 시작했다. 그 뒤 사용하기 쉽고 오래 보관할 수 있는 드라이 이스트를 비롯해 여러 형태의 이스트를 개발했다.

'그런데 말랐으면 죽은 거 아닌가? 사실 이스트뿐 아니라 다른 미생물도 말리거나 얼려 보관하는 경우가 많은데 단세포생물들은 이런 처리를 해도 좀처럼 죽지 않는다. 단지 활동을 멈추고 깊은 잠을 자고 있다고 보면 된다. 물론 이 과정에서 게놈의 DNA 가닥이 끊어져 죽는 녀석도 있겠지만.

사실 이스트로 발효하는 과정이 귀찮아서 나온 게 '베이킹파우더baking powder', 즉 화학반응으로 이산화탄소를 발생시켜 빵을 부풀게 하는 중탄산나트륨sodium bicarbonate● 같은 화합물이다.

한 제빵업계 관계자는 인터뷰에서 자기들은 이스트 대신 천연효모를 넣어 천연발효시킨 고급 빵을 만든다고 말하기도 했다. 그렇지만 기존 드라이 이스트를 쓰는 걸 천연발효가 아니라고 말하는 건 억지가 아닐까.

합성생명 탄생도 이스트 덕분

사실 좀 더 엄밀하게 말하면 우리가 얘기하는 이스트는 '빵효모baker's yeast'로 학명은 사카로마이세스 세레비지애Saccharomyces cerevisiae다. 빵효모는 생명과학자들이 즐겨 연구하는 종인데, 단순한 단세포 생명체이면서도 사람과 같은 진핵생물이기 때문이다.

대장균, 효모, 사람을 두고 두 그룹으로 묶으라면 단세포 미생물인 대장균과 효모를 하나로 묶고 사람을 따로 두기 쉽지만 사

이스트

중탄산나트륨 백색분말로 물에 녹이면 약알칼리성을 띤다. 베이킹파우더 외에 위산을 중화하기 때문에 제산제로도 쓰인다.

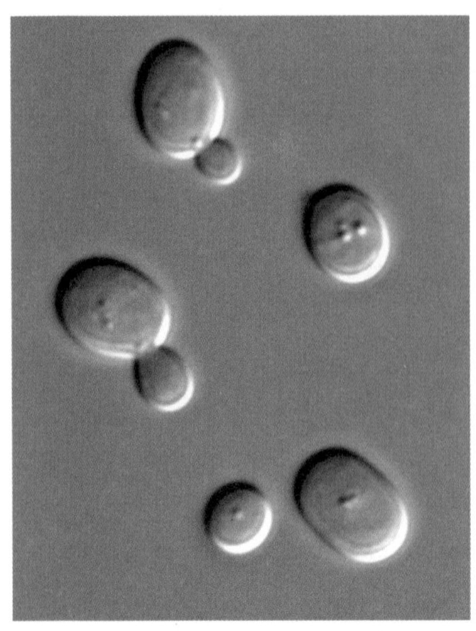

빵효모의 현미경 사진. 빵효모는 진핵생물의 모델 생물로 널리 연구되고 있다(사진 위키피디아).

Sir2 유전자 효모에서 발견된 유전자로 이 유전자의 발현이 높을 경우 효모의 수명이 30퍼센트 정도 늘어난다는 사실이 알려지면서 노화억제유전자로 주목받고 있다.

실 효모는 적어도 게놈 차원에서는 대장균보다 사람에 가깝다. 실제로 효모에서 노화에 관련된 Sir2 유전자*에 해당하는 유전자가 사람(SIRT1)에 존재하는 등 그 유사함은 놀라울 정도다.

미국의 크레이그 벤터 연구소가 발표한 '합성세포'가 탄생하는 데도 효모가 결정적인 역할을 했다. 시험관에서 만든 염기 1000개 길이의 DNA 가닥 1000개를 이어 하나의 고리로 만드는(박테리아의 게놈은 고리 형태다) 작업을 바로 효모가 했기 때문이다.

이 기술을 개발한 연구소의 대니얼 깁슨 박사는 2010년 6월 방한해 필자를 만난 자리에서 "효모의 세포 안에 DNA 조각을 넣어주면 효모가 자신의 게놈이 손상된 걸로 착각해 이를 복구하는 메커니즘을 작동시키는 걸로 보인다"고 설명하면서 정확한 건 모르겠다고 실토했다.

필자는 거의 20여 년 전 대학원생 시절 대장균과 이스트를 갖고 실험을 했는데 배양을 한 뒤 처리 과정이 극적으로 달랐다. 구린내가 나는 대장균 배양액을 다룰 땐 속이 울렁거렸지만 이스트 배양액은 특유의 달짝지근한 냄새를 풍겨 기분이 좋았던 기억이 아련히 떠오른다. 봉빵 때문에 이스트의 위상이 좀 떨어진 것 같아 이런저런 얘기를 해봤다.

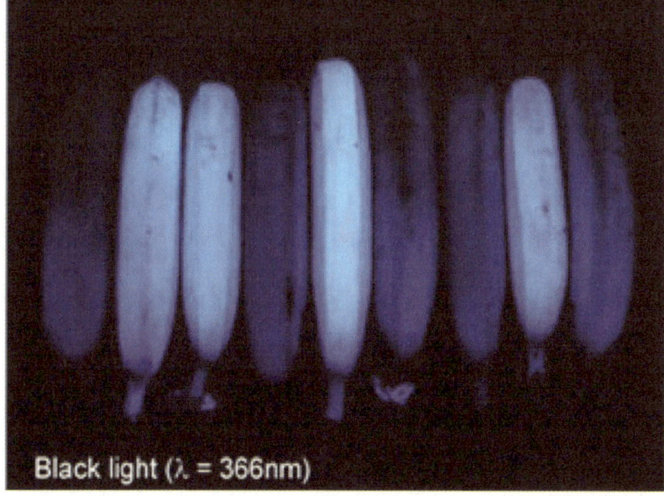

바나나는 익으면서 과피가 녹색에서 노란색으로 변한다. 그러나 어둠 속에서 자외선을 비추면 잘 익을수록 밝은 파란 형광을 낸다는 사실이 최근 밝혀졌다. 사진 제공 Angewandte Chemie/Wiley VCH

46

바나나는 파랗다 !

'바나나는 원래 하얗다'

수십 년째 바나나맛우유 시장에서 부동의 1위를 지키고 있는 B사의 바나나맛우유를 공략하기 위해 M사는 제품 이름까지 이렇게 지었다. 물론 바나나는 껍질이 노랗고 속은 옅은 베이지색

카로티노이드 1831년 독일의 약화학자 바켄로더가 당근에서 주황색 색소 분자인 베타카로틴을 처음 분리한 이래 다른 형태의 카로틴이 계속 발견돼 이를 아울러 카로티노이드라고 한다. 카로티노이드는 광합성 과정에서 빛의 흡수를 돕는다.

블랙라이트 가시광선을 포함하지 않는 자외선 빛이다. 빛이 나와도 눈에 보이지 않기 때문에 '검은 빛'이라는 이름이 붙었다. 참고로 식당에 있는 자외선 소독기 내부가 파란빛을 내는 건 소독기가 작동한다는 걸 알리기 위해 파란색 가시광선을 함께 켜주기 때문이다.

이다. 그렇지만 이런 식이라면 '배도 원래 하얗다'고 말해야 하지 않을까.

사실 바나나 껍질의 노란색은 너무나 밝고 색감이 좋아서 아기가 말을 배울 때 바나나 그림을 보면서 '노랑'이라는 단어를 익힌다. 그런데 이렇게 예쁜 바나나색이 나오는 데 파란빛이 한몫하는 사실이 최근 밝혀졌다.

대부분의 과일처럼 바나나 열매도 녹색이었다가 익으면서 색이 변한다. 녹색인 이유는 엽록소 때문이다. 과일이 익으면서 엽록소가 파괴되고 숨어 있던 노란색이 드러나는데 바나나 껍질의 노란색은 카로티노이드carotenoid● 색소 덕분이다. 그런데 엽록소는 파괴될 때 형광을 내는 중간생성물을 거쳐 분해가 된다. 형광이란 자외선을 받으면 가시광선을 내보내는 현상이다.

보통 중간생성물은 금방 다음 분자로 바뀌기 때문에 미량 존재한다. 그런데 바나나의 경우 엽록소 중간생성물과 산이 반응해 Mc-FCC-56이라는 파란 형광을 내는 안정한 분자로 바뀐다. 그런데도 바나나가 노랗게 보이는 이유는 햇빛에 자외선보다 가시광선이 훨씬 많기 때문이다. 물론 밤에는 가시광선과 자외선 둘 다 거의 없기 때문에 형체가 안 보인다. 그러나 어두운 곳에서 블랙라이트black light●를 비추면 파란빛을 발하는 바나나를 볼 수 있다.

이런 현상을 발견한 오스트리아 인스부르크대학의 베른하르트 크로이틀러 교수가 필자에게 보내준 사진을 보면 덜 익어 녹색인 바나나에서는 파란빛이 거의 안 나오는데 노랗게 익은 바나나는 파란색이 선명함을 알 수 있다. 그렇다면 바나나는 왜 중간생성물을 안 정화시켜 노란색에 파란빛을 더했을까.

연구자들은 그 까닭을 두 가지로 추측하고 있다. 바나나가 익을 때 노란색을 더 두드러지게 하기 위해서라는 것이다. 빛은 섞을수록 밝아지기 때문에 파란 형광은 카로티노이드 색소가 내는 노란색을 좀 더 선명하게 해준다. 바나나의 노란색이 유달리 눈에 잘 띄는 이유다. 또 하나는 이런 중간생성물이 과일의 수명을 연장하는 데 어떤 역할을 한다는 점이다.

왠지 앞으로는 잘 익은 바나나를 볼 때마다 이런 예쁜 색이 나오게 한 숨은 공로자인 파란빛이 심안心眼에 떠오를 것 같다.

바나나 과피의 엽록소가 파괴될 때 중간생성물로 생기는 Mc-FCC-56은 자외선을 흡수하면 파란 형광을 내는 분자다. 사진 제공 Angewandte Chemie/Wiley VCH

47

맛있는 프렌치프라이의 비밀

　얼마 전 프랑스 출장을 다녀오면서 한 가지 흥미로운 사실을 발견했다. 식당에서 웬만한 요리를 시키면 프렌치프라이(길쭉하게 썬 감자를 튀긴 음식)가 딸려 나오는 것이다. 소고기, 닭고기, 물고기, 심지어 소시지 요리까지. 유일한 예외가 밥 생각이 나서 먹었던 리소토^{risotto}(쌀로 만든 이탈리아 요리)가 나올 때였다. 우리나라에서는 햄버거 같은 패스트푸드의 세트 메뉴에서나 나오는

프렌치프라이가 이렇게 흔하다니 '프랑스식 감자튀김French fries'
이라는 이름이 붙은 이유를 알겠다.

그런데 본토의 프렌치프라이는 햄버거에 나오는 프렌치프라
이와 꽤 달랐다. 길이는 짧고 두께가 통통한데 바삭바삭하면서
도 씹다 보면 감자 전분 특유의 파삭파삭한 느낌도 잘 살아 있다.
부피 대비 표면적의 비율이 절반 정도라서 그런지 묻어 있는 튀
김 기름도 적어 느끼하지도 않았다. 한마디로 훨씬 더 맛있었다.

두 번 튀기는 게 비결

'감자를 썰어서 기름에 튀기면 되는데 뭐 특별한 게 있을라
고.' 필자도 이런 생각을 하며 『On Food and Cooking(식품과
요리에 대하여)』라는 책에서 프렌치프라이 항목을 찾아봤다. 먼저
프랑스에서는 프렌치프라이를 그냥 '튀긴 감자pommes frites'라고
부른단다. 생각해보면 당연한 일이다. 프렌치프라이는 19세기
초 파리 사람들이 본격적으로 먹기 시작했다고 한다.

썬 감자를 단순히 뜨거운 기름에 넣어 튀겨내면 제대로 맛이
안 난다고 한다. 감자 표면의 튀겨진 층이 너무 얇아 내부의 물
기가 스며들어 곧 흐물흐물해지기 때문이다. 따라서 먼저 낮은
온도에서 튀겨 표면 세포의 전분이 과립에서 빠져나와 서로 엉
겨 붙어 충분히 두꺼운 층을 만들 수 있게 해줘야 한다.

맛있는 프렌치프라이를 만들려면 먼저 120~163도에서 8~10
분간 튀겨내고 그 다음에 기름 온도를 175~190도로 올려 3~4분
정도 노릇노릇해질 때까지 튀겨야 한다. 매번 이렇게 하기 번거

2011년 네이선 미어볼드가 동료 두 명과 펴낸 책 『Modernist Cuisine』에 실린 환상적인 사진들은 미어볼드가 직접 찍었다.

로우면 한꺼번에 저온에서 튀겨 뒀다가 그때그때 조금씩 고온에서 튀기면 된다.

사실 튀김은 음식 본래의 맛을 잘 살리는 요리법이다. 튀김은 기름 없이는 생각할 수 없는데 펄펄 끓는 물에 식재료를 넣어봤자 푹 퍼지기나 하기 때문이다. 물은 끓어봐야 100도가 한계인데다 뜨거운 물이 식재료에 맹렬하게 침투하기 때문에 오히려 식재료가 물에 불게 된다.

반면 식물 기름은 끓는점이 300도가 넘기 때문에 튀김을 할 때 불을 잘 조절하면 다양한 온도의 기름을 준비할 수 있다. 여기에 식재료를 넣으면 뜨거운 기름이 직접 닿는 표면에서 화학반응이 급격히 일어나 탄수화물이 서로 엉겨 붙어 단단한 층이 형성되면서 벽이 돼 내부가 외부와 차단된다. 따라서 내부는 재료의 맛과 향이 온전히 보전된 채 적당히 익게 된다.

초음파 프렌치프라이

미국의 월간 과학잡지 〈사이언티픽 아메리칸〉 2011년 7월호에는 프렌치프라이와 관련해 흥미로운 글이 실렸다. 이 잡지의 편집자인 와이트 깁스Wayt Gibbs와 분자요리사인 네이선 미어볼드Nathan Myhrvold가 기고한, 초음파를 이용한 새로운 프렌치프라이 제조법에 관한 글이다.

1959년생인 네이선 미어볼드는 정말 특이한 사람이다. 미국 프린스턴대학에서 이론물리학으로 박사학위를 받은 그는 영국 케임브리지대학의 스티븐 호킹 교수 밑에서 박사후연구원으로 양자우주론을 연구했다. 그런데 미국으로 돌아와서는 DSR이라는 IT 벤처를 차렸고, 1986년 마이크로소프트사가 이 회사를 사들인 뒤 1999년까지 여기서 일했다. 마이크로소프트의 최고기술경영자CTO까지 오른 그는 100여 건의 특허에 관여한 뛰어난 발명가이기도 하다.

2000년 특허전문업체인 인텔렉추얼 벤처스사를 설립해 지금까지 3만 건이 넘는 특허를 사들였다. 뿐만 아니라 탁월한 사진가로 2008년 국제보존사진상을 수상하기도 했다. 그런가 하면 고생물학에도 조예가 깊어 공동 탐사의 연구 결과를 〈사이언스〉나 〈네이처〉 같은 일급저널에 싣기도 했다.

이런 그가 가장 애착을 갖는 분야가 바로 요리라고 한다. 그는 아홉 살 때 요리사가 되기로 결심한 이후 틈이 날 때마

테드 컨퍼런스에서 빌 게이츠(가운데)와 함께 자리한 미어볼드(왼쪽). 둘 다 MS사에서 손을 뗐지만 각자 멋진 제2의 인생을 살고 있다. 스티브 저비슨 제공

다 요리를 배워 현재는 일류요리사급에 올랐다고 한다. 그는 현대 요리를 뒷받침하고 있는 과학과 기술을 모두 보여주겠다는 꿈을 실현하기 위해 분자요리*를 연구했고 2011년에는 동료 두 명과 함께 총 2400페이지에 이르는 여섯 권짜리 요리책 『Modernist Cuisine(모더니스트 요리)』을 펴내기도 했다. 이 책의 환상적인 사진들도 그가 직접 찍었다.

다시 프렌치프라이 얘기로 돌아가서 잡지에 소개된 새로운 제조법을 살펴보자. 먼저 썬 감자를 2퍼센트 소금물이 담긴 백에 넣고 진공 포장한다. 그리고 여기에 치과에서 쓰는 기기로 40킬로헤르츠의 강력한 초음파를 때려준다. 그러면 감자 표면에 미세한 균열이 생기면서 그 사이사이로 작은 물방울이 무수히 맺힌다. 처리가 끝난 뒤 진공에서 수분 함량이 적당해질 때까지 건조한다.

그 뒤 170도에서 잠깐 튀겨낸 뒤 식힌 다음 최종적으로 190도에서 튀겨낸다. 이때 미세한 물방울이 급격히 팽창하면서 표면의 균열이 마치 뻥튀기처럼 부풀어 오른다. 그 결과 기존 프렌치프라이와는 비교할 수 없을 정도로 바삭바삭하면서도 씹을 때는 내부의 부드러운 감자 전분이 느껴진다. 이들은 이 과정이 복잡한 것 같지만 식품업체에서 자동화가 가능할 거라고 전망했다. 정말 못 말리는 사람들이다.

필자는 미식가가 아니라서 그런지 프랑스에서 먹은 메인 요리의 맛은 거의 기억에 없지만 프렌치프라이를 생각하면 입맛이 다셔진다. 초음파 프렌치프라이까지는 아니더라도 제대로 된 프렌치프라이를 내놓는 곳이 있다면 한번 찾아가보고 싶다.

쏨바귀, 냉이, 들미나리 등의 봄나물(사진 제공 : 동아일보).

48

다이어트 비법, 식전 소주 한 잔이나 쏨바귀

겨울이 너무 길고 지루해서일까. 봄이 되면 사람들은 오히려 입맛을 잃고 기운도 없다. 이럴 때 입맛이 돌게 해주는 봄나물이 달래, 냉이, 쏨바귀다. 달래, 냉이야 그렇다고 쳐도 쏨바귀는 이름 그대로 꽤 쓴 풀이다. 아이들이 질색하는 이유다. 그런데도 어른들은 쏨바귀를 먹으면 입맛이 돈다니 모를 일이다.

흥미롭게도 서양에도 비슷한 맥락의 식습관이 있다. 식사 전에 한 잔 마시는 식전주aperitif가 그것으로 역시 식욕을 촉진한단다. 그런데 식전주로 즐겨 마시는 칵테일 마티니는 쓴 술이다.

드라이진과 드라이 베르무트를 블렌딩해 올리브 열매 한두 개를 넣어 완성하는 마티니는 좋아하는 사람은 무척 좋아하지만 독특한 향(화이트 와인에 허브를 가미한 리큐르인 베르무트에서 오는)에 거부감을 느끼는 사람도 있다. 참고로 영어권에서 당분이 많

쓴 음식이 식욕을 촉진하는 이유가 최근 밝혀졌다. 사진은 식전주로 즐겨 마시는 마티니. 사진 Kyle May

아 맛이 단 술은 앞에 'sweet'를 붙이지만 당분이 없어 쓴 술은 'bitter' 대신 'dry'를 쓴다.

우리도 보면 어르신들이 소주 한두 잔으로 반주를 하시는데 밥맛을 좋게 하는데 얼마나 도움이 되는지 궁금하다. 그런데 이들 쓴 나물이나 술이 왜 식욕을 촉진할까. 쓴맛을 먼저 맛보면 다음에 먹는 음식이 상대적으로 달게 느껴져서일까. 아니면 그냥 술 한 잔 걸치려는 핑계일까.

쓴맛이 식욕 호르몬 분비 촉진해

그런데 이런 오랜 의문을 풀어줄 실마리가 되는 연구 결과가 〈미국립과학원회보〉 2011년 2월 1일자에 실렸다. 벨기에 루뱅가톨릭대학의 잉게르 데포르테 교수팀은 음식에서 쓴맛을 내는 분자가 위 속에 있는 쓴맛수용체에 결합하면 식욕 촉진 호르몬인 그렐린ghrelin이 분비가 늘어난다는 사실을 밝혔다.

식욕은 매우 복잡한 메커니즘을 통해 조절되는데 간단하게 요약하면 식욕 촉진 호르몬인 그렐린과 식욕 억제 호르몬인 렙틴leptin이 상호작용한 결과라고 볼 수 있다. 그렐린은 위에서, 렙틴은 내장지방에서 분비돼 혈관을 타고 식욕조절센터인 뇌의 시상하부에 도달해 작용한다.

한편 맛수용체는 당연히 맛을 보는 혀에만 분포하리라고 생각하기 쉽지만 위나 장에도 존재한다. 음식에 대한 정보인 맛을 음식 섭취와 소화의 단계에서 지속적으로 모니터해 몸의 항상성을 유지하려는 노력이다. 다만 위나 장에서 감지한 맛의 정보는 뇌의 의식 영역으로 가지는 않기 때문에 우리가 느낄 수는 없다.

연구자들은 동물 실험을 통해 이런 결과를 얻었다. 쓴 액체를 위 속에 넣어준 쥐(쓴물 쥐)는 그렐린의 수치가 올라가 40분 뒤에 피크(약 2.2배)를 이뤘다. 처리 후 30분 사이에 먹은 음식량을 측정하자 위에 물을 넣어 준 비교군(맹물 쥐)에 비해 20퍼센트 더 많았다. 사람으로 치면 식전주가 그렐린 분비를 자극, 입맛을 돌게 해 그냥 물 한 잔 마신 경우보다 식사량을 늘린 셈이다.

식전 소주 한잔이 다이어트에 도움

흥미로운 사실은 쥐가 먹은 음식량을 4시간까지 확인한 결과 처음 1시간까지는 쓴물 쥐가 더 많이 먹지만 그 뒤로는 식사량이 급격히 줄어 모두 합치면 오히려 더 적게 먹었다는 것이다.

왜 그런지 조사해봤더니 쓴 액체를 주입한 쥐의 경우 위 속의 내용물을 비우는 데 시간이 더 걸리는 것으로 나타났다. 즉 식사 4시간 뒤 맹물 쥐는 내용물의 85퍼센트가 장으로 내려간 반면 쓴물 쥐는 52퍼센트에 그쳤다.

쓴물은 식욕을 높여 단기적으로는 식사량을 늘리지만 위가 비는

반주 한잔이 식욕도 돋우고 다이어트에 도움이 된다는 연구 결과가 나왔다(사진 제공 : 동아일보).

걸 늦춰 장기적으로는 식사량을 줄였던 것이다. 연구자들은 도
대체 왜 이런 현상이 일어나는지에 대해서는 추가 연구가 필요
하다고 덧붙였다.

아무튼 이 결과가 사람에게도 적용된다면 씀바귀나 식전주는
입맛을 돋우면서도 군것질 생각이 안 나게 하는 '일석이조'의 다
이어트법이 되는 셈이다.

봄을 맞아 다이어트를 계획하는 사람은 씀바귀 다이어트나 식
전주 (또는 반주) 다이어트를 해보면 어떨까. 설사 효과가 없더라
도 최소한 부작용은 없을 테니까.

"성공한 여성 뒤에는 많은 양의 커피가 있다."

스테파니 파이로

가끔 그림을 그리는 것 외에는 이렇다 할 취미가 없는 필자는 책을 읽는 게 큰 즐거움이다. 주로 옛날 사람들이 쓴 소설이나 에세이를 읽는데 마르셀 프루스트의 『잃어버린 시간을 찾아서』와 몽테뉴의 『수상록』을 자주 꺼내 본다. 아마도 필자에게 이 두 책은 평생에 걸친 친구가 될 것이다.

이번 과학 에세이집을 만들기 위해 그동안 연재한 100여 편에서 고른 48편 가운데 필자가 가장 애착을 가진 글이 들어 있지 않았다는 건 내색은 못했지만 무척 아쉬웠다. 에세이 연재를 시작하고 얼마 안 된 2008년 3월 26일 〈더사이언스〉에 실린 이 글은 남자의 키에 대한 최신 연구 결과를 마침 당시 읽고 있던 『수상록』의 내용과 연관 지어 구상한 것인데 그래서 더 애착을 갖는가 보다.

다행히 필자에게는 이 글을 구제할 마지막 기회가 주어졌다. 바로 이 에필로그다! 에필로그의 나머지 공간을 이 에세이에 할애하는 필자의 심정을 다들 이해해주시겠지.

남자의 키, 몽테뉴의 경우

"키가 작은 사람들은 아담하기는 하지만 수려하지 못하다."
— 미셸 드 몽테뉴

필자는 조회 시간에 늘 맨 앞에 섰다. 그런데 고등학교 때는 한 달에 한 번 줄 맨 뒤에 서는 상황이 있었다. 교련 조회 시간인데 이때는 키가 큰 순서로 서기 때문이다. 키 큰 친구들의 숲 뒤에 있다 보니 옆 친구와 잡담도 하고 교장 선생님의 지루한 연설이 끝날 기미가 안 보일 때도 다리를 들었다 비틀었다, 아무튼 견딜 만했다. 그런데 문득 이런 생각이 떠올랐다. '왜 교련 조회 때는 거꾸로 줄을 서지?'

얼마 전 몽테뉴의 『수상록』을 읽다가 오래전 의문에 대한 답을 발견했다. "내 키는 중간이 좀 못 된다"로 시작하는 이 부분은 외모와 몸집의 중요성에 대해 이야기하고 있다. 귀족으로서 전투에 수차례 참가했던 몽테뉴는 "이 결함은 그 자체가 보기 싫을 뿐 아니라 지휘관의 직책을 맡은 자에게는 더욱 불편할 일"이라며 그 이유는 "훌륭한 외모와 몸집의 위풍이 주는 권위가 부족하기 때문"이라고 쓰고 있다.

그는 옛사람들이 군사를 뽑을 때 체격이 당당하고 키가 큰 것을 고려한 일은 옳았다며 그 이유로 "키가 크고 몸집이 당당한 지휘관이 군대의 선두에서 걸어가는 것을 보면, 그를 따르는 자들에게는 존경심이 일어나고 적군에게는 공포심을 일으키기 때문"이라고 설명했다. 교련이라는 게 결국 군대를 흉내 낸 연습이니 키 큰 순서대로 줄을 세우는 게 당연하지 않겠는가.

최근 남자는 키가 클수록 자기 짝에 대해 질투심이 덜하다는 연구 결과가 나왔다고 한다. 남성의 질투심은 자신의 짝을 다른 남성에게 뺏기지 않기 위해 진화해온 정서 반응이다. 키 큰 남자들은 자기 짝이 잘생기거나 건장하거나 부자인 남자들과 얘기하는 모습을 보더라도 좀 더 의연하게 대한다고 한다.

연구자들은 키가 남성의 질투심에 두 가지 경로로 영향을 미친다고 설명한다. 키가 클수록 여성이 매력적으로 느끼기 때문에 짝을 지키기 위해 노심초사할 이유가 없고 설사 다른 남성이 귀찮게 굴더라도 쫓아낼 수 있는 힘이 있기 때문에 그만큼 질투심이 덜하다는 것이다. 자신감과 질투심은 반비례하는 모양이다. 연구자들은 이번 연구가 키가 큰 남성이 여성의 눈길을 끈다는 기존 연구 결과와 통한다고 설명했다.

남자들이 여자 외모만 따진다고 말들이 많지만 사실 여자들도 그만큼 따지는 게 남자의 키다. 진화론적으로 봐도 덩치가 큰 수컷이 대체로 힘이 세고 튼튼하다. 따라서 몸집이 확연히 차이가 날 경우 싸움조차 일어나지 않는다. 이처럼 다른 수컷의 완력에 밀려 암컷에게 접근하지도 못하는 짐승에 견준다면 그래도 사람의 조건은 얼마나 민주적인가.

우리 사회가 미녀를 좋아하고 키 큰 남자에 눈길을 주는 경향이 심하기는 하지만, 그래도 이런 '본능적' 경향을 속물적이라고 폄하하는 얘기를 들으면 눈살이 찌푸려진다. 그렇다고 안 되는 몸을 가지고 억지로 성형을 한다, 키를 늘린다 하는 모습도 보기 민망하다.

자신이 갖지 못한 미덕이라도 선선히 인정하고 객관적으로 평가하는 모습. 16세기 프랑스 보르도의 귀족 '몽테뉴'가 오늘날의 누구보다도 '쿨'하게 느껴지는 이유다. 이번 주말은 보르도 와인 한잔을 옆에 두고 『수상록』을 읽으며 보내야겠다.